Silje Elin Matnisdal · Leiv Magnus Grøtte

AYLA

Meine ungewöhnliche Freundschaft
mit einem jungen Fuchs

Deutsch von
Ulrike Strerath-Bolz

KNAUR

NORLA
NORWEGIAN LITERATURE ABROAD

Die Übersetzung dieses Titels wurde finanziell gefördert von *NORLA, Norwegian Literature Abroad.*

Besuchen Sie uns im Internet:
www.knaur.de

MIX
Papier aus verantwortungsvollen Quellen
FSC www.fsc.org
FSC® C004592

Lektorat: Jürgen Bolz
Covergestaltung: Isabella Materne
Coverabbildung: Silje Elin Matnisdal
Bildnachweis: Hans van Eijsden: 200;
Asle Haukland: 39; ID-Media: 12, 154, 170;
alle anderen: Silje Elin Matnisdal
Buchgestaltung: Sandra Hacke,
nach der Originalausgabe von June Line
Druck und Bindung: Firmengruppe APPL,
aprinta druck, Wemding
ISBN 978-3-426-21452-7

5 4 3 2 1

INHALT

AYLA, DAS FUCHSMÄDCHEN, DAS DIE GANZE WELT BEZAUBERTE

Auch wenn ich dich kratz und beiß,
Sachen klaue und auf alles draufpinkele,
bist du doch meine beste Freundin.
Wir Füchse sind halt so.
Ayla

ALLRÄVEN
Twentyfour

DIES IST EIN BUCH über den berühmtesten Fuchs der Welt. Ayla wurde zum Weltstar und hatte hunderttausend Follower im Internet. Die Filmschnipsel, in denen sie mitspielt, wurden mehr als hundert Millionen Male angesehen, und sie tauchte zusammen mit ihrem Menschen Silje Elin Matnisdal in den verschiedensten Medien weltweit auf. Doch die Menschen waren nicht nur von dem bildschönen Fuchsmädchen Ayla fasziniert. Sie ließen sich vor allem von der Geschichte berühren, von der engen Bindung zwischen einem Fuchswelpen und einem Menschen. Von einer Geschichte, die so schön begann und so tragisch endete.

In diesem Buch folgen wir Ayla durch ihr erstes und einziges Lebensjahr, von dem Moment, als sie, noch ganz klein, in der Pelztierfarm abgeholt wurde – bis zu dem Tag ein Jahr später, als sie plötzlich verschwand. Wochenlang verfolgten Menschen auf der ganzen Welt die Suchaktion, an deren Ende Ayla tot aufgefunden wurde.

In diesem Buch kommen wir Ayla ganz nah und lernen sie als eine eigenständige, sehr verspielte Persönlichkeit kennen. Eine Persönlichkeit mit starken Instinkten, die nie wirklich gezähmt werden konnte. Ihre vielen Streiche sind wohl auch daraus entstanden. Wir erzählen von dem wunderschönen Leben, das Ayla mit ihrem Menschen Silje führte. Die Alternative wäre ein Leben in Gefangenschaft gewesen, auf einer Pelztierfarm. Nicht auszudenken.

Ayla lebt in Erinnerungen und fantastischen Fotos weiter. Und so beginnt die großartige Geschichte von Ayla dem Fuchsmädchen.

PROLOG

ES SOLLTE DIE LETZTE TOUR sein, bevor das Buch in Druck ging. Durch den Sælandsskogen und das Urådalen bis nach Bjødnaliå, hatte Silje vorgeschlagen. Eine wunderschöne Gegend mitten im Kreis Time, mit einer ganz besonderen Vielfalt an Kultur- und Naturlandschaften. Bauernland und Wiesen, Wälder, Naturweiden, Heide und Moor. Diesmal sollte es keine anstrengende Wanderung werden, eher ein ausgedehnter Spaziergang. Wir wollten alles noch einmal Revue passieren lassen, letzte Fotos schießen und die nächsten Projekte planen. Ayla war inzwischen ein Weltstar, für sie taten sich fast unbegrenzte Möglichkeiten auf. Silje hatte Hühnersuppe gekocht, die wir bei einer Rast unterwegs auf dem Campingkocher aufwärmen wollten. Das Wetter war gnädig gestimmt; eigentlich stand einem tollen Tag nichts im Wege. Ich hatte wie immer meine Wanderbegleiterin Molly dabei, eine gut erzogene Hündin mit starkem Border-Collie-Einschlag. Mit ihren sieben Jahren ist sie eine ziemlich eigensinnige Dame, aber immer fröhlich, und stets gut gelaunt, wenn sie mitgehen darf.

Das Leben war schön, fanden wir, als wir den Hof verließen. Für Ayla freilich war dieser Tag eine Offenbarung. Fünfzig Vogelarten sollen in dieser Gegend ansässig sein. Wir mussten die ganze Zeit auf unsere Füße achten, weil überall frisch geschlüpfte Küken herumtrippelten, während ihre ängstlichen Mütter gottsjämmerlich zwitscherten, um uns von ihnen wegzulocken. Und dann all die Mäuse, Insekten und Larven! Ayla durfte frei laufen, hatte aber ihre rosa Schleppleine um, damit wir sie zurückholen konnten, wenn sie sich zu weit entfernte. Was man ihr nicht verdenken konnte angesichts all der kleinen Tiere in diesem märchenhaften Eichenwald.

Eine Stunde lang gingen wir auf Schlängelwegen durch den dichten Wald, an leisen Bächen entlang. Es war so schön! Ayla war ganz in ihrer eigenen Welt und an diesem Tag alles andere als brav. Es gab so viel Neues und Spannendes zu sehen und zu riechen. Sie folgte ganz einfach ihrem Jagdinstinkt.

Wir mussten sehr aufpassen, dass sie nicht zu tief in den Wald lief. Und an einem Punkt waren wir wohl nicht aufmerksam genug. Denn plötzlich war sie weg, wie vom Erdboden verschluckt. Wo war sie?

Vor oder hinter uns? Oder hatte sie einen Abstecher den Hang hinauf gemacht? Wir riefen und lockten. Normalerweise kam sie dann, aber an diesem Tag tat sie es nicht. Silje machte kehrt und rannte zurück, ich ging weiter in der Hoffnung, dass Ayla einfach nur vorausgelaufen war. Mit schnellen Schritten lief ich bis zu den Häusern von Bjødnaliå. Keine Spur von Ayla. Auch eine Suche abseits des Weges ergab nichts. Ich versuchte, Molly auf Aylas Spur zu setzen, aber sie verstand gar nicht, was ich von ihr wollte. Normalerweise hat sie eine echt gute Nase, aber eher, wenn es nach Leckerchen riecht. In diesem Fall nützte sie uns leider nichts.

Silje durchsuchte die andere Seite des Tales, lief kreuz und quer durch das steile, unwegsame Gelände des Sælandsfjellet. Nach ein paar Stunden ergebnisloser Suche telefonierten wir miteinander und einigten uns, zu den Autos auf dem Parkplatz zurückzukehren. Vielleicht saß Ayla ja einfach da und wartete auf uns? Das hofften wir.

Ich spürte die Unruhe im ganzen Körper. Es war das erste Mal, dass sie einfach weggelaufen war. Hatten wir sie jetzt wirklich verloren? Das wollte ich nicht glauben, wir mussten unbedingt weitersuchen. Wir würden sie schon finden, da war ich ganz sicher.

Doch Ayla war auch nicht auf dem Parkplatz. Wir waren zu optimistisch gewesen. Nach einer Rast, bei der wir etwas aßen, nahmen wir die Suche wieder auf. Silje ging die ganze Strecke noch einmal ab, die wir gewandert waren, ich lief in die andere Richtung in die Berge. Beide trafen wir andere Wanderer, doch auch sie hatten nichts gesehen. Alle versprachen uns, Bescheid zu sagen, wenn sie Ayla bemerkten. Wir suchten den ganzen Nachmittag, bis uns die Kräfte verließen. Als der Tag zu Ende ging, waren wir vollkommen fertig.

Am nächsten Morgen ging Silje die Strecke wieder ab, diesmal noch ein wenig weiter abseits der Wege. Sie suchte in Felsspalten, Büschen und Gestrüpp. Ohne Ergebnis. In den nächsten Tagen legte sie Köder aus, suchte mit dem Jagdhund, brachte Aylas Schmusedecke in den Wald, nahm Leute mit, die Fuchsrufe nachmachen konnten, und stellte in der ganzen Gegend Futterstationen mit Webcams auf. Außerdem postete sie auf Facebook und Instagram, dass Ayla verschwunden war. Das brachte die Medien auf den Plan; viele große und kleine Tageszeitungen berichteten über die Suche nach Ayla. Der Verlag, der das Buch herausbringen sollte, setzte eine Belohnung von fünftausend Kronen aus und druckte Plakate, die in allen Wander-

Silje nahm ihre ganze Willenskraft zusammen, wollte einfach nicht aufgeben.

gebieten der Gegend und in den Läden ausgehängt wurden. Über Nacht war ganz Norwegen an der Suche nach Ayla beteiligt. Freunde und Fremde kamen in die Wälder von Sæland, riefen und lockten und wollten so gern mithelfen. Aber Ayla blieb spurlos verschwunden. Silje bekam sehr emotionale Anrufe und Solidaritätserklärungen aus dem In- und Ausland. Es war fast, als würden wir nach einem vermissten Menschen suchen.

Von überallher kamen Hinweise. Angeblich war Ayla in Dalane gesehen worden, in einem Kreisverkehr bei Nærbo, beim Spielen mit einem Dachs unten in Egersund. Aus der ganzen Region kamen Meldungen, viele mit Fotos. Füchse werden ja an den seltsamsten Orten beobachtet. Und da ein Fuchs in vierundzwanzig Stunden durchaus zwanzig Kilometer weit laufen kann, waren die Hinweise nicht vollkommen aus der Luft gegriffen. Die mit den Fotos konnten ausgeschlossen werden, weil klar war, es handelte sich nicht um Ayla. Aber allen anderen Hinweisen folgte Silje. Tagsüber war sie zu Fuß unterwegs, nachts fuhr sie mit dem Auto in die Gegenden, aus denen Hinweise gekommen waren.

Vom ersten Tag an hatte Silje das Gefühl, Ayla wäre etwas zugestoßen. Aber sie weigerte sich, diesem Gefühl nachzugeben, sie musste sie finden, musste weitersuchen. Woher sie die Kraft dafür bekam, wusste sie selbst nicht. Sie nahm ihre ganze Willenskraft zusammen, wollte einfach nicht aufgeben.

Doch nach drei Wochen der Suche und des Medienrummels war selbst Silje erschöpft. Sie brauchte eine Pause und zog sich in die Berge von Ryfylke zurück, um allein zu sein und neue Kräfte zu sammeln. Am Morgen des 19. Juli saß sie vor ihrem Zelt und kochte sich einen Kaffee, genoss die Einsamkeit und ließ den Blick über die sonnige Berglandschaft schweifen. Zum ersten Mal seit Wochen dachte sie einfach an gar nichts. Ein gutes Gefühl.

Dann kam der Anruf. Ein Wanderer hatte Ayla gefunden, tot, gar nicht weit von der Stelle entfernt, wo sie vor fast vier

Wochen verschwunden war. Silje hatte diese Gegend mehrere Male abgesucht. Der Wanderer hatte ein Stück von der rosa Leine gesehen, die Ayla immer trug. Sie hatte unter einem großen Wacholderbusch hervorgelugt. Ayla hatte sich von der Leine befreit, die an ihrem Halsband befestigt war, sich dann aber trotzdem auf ganz seltsame Weise darin verstrickt und stranguliert.

Siljes schlimmster Albtraum war wahr geworden. Ayla war tot. Da war es auch nur ein armselig schwacher Trost, dass sie ganz kurz nach ihrem Verschwinden gestorben sein musste, sonst hätte sie sich gemeldet, als Silje an ihr vorbeiging. Nur Ayla weiß, was genau passiert ist. Siljes beste Freundin war für immer von uns gegangen. Ich weiß, wie schwer das zu ertragen ist. Die beiden bedeuteten einander so viel, taten einander so gut, hatten noch so viele Pläne.

Was hatte diese Füchsin an sich, dass sie so viele Herzen berührte? Dass sie süß und hübsch war, darüber können wir uns schnell einig werden. Aber ich glaube, es war mehr als das. Es war wohl auch ihre natürliche Wildheit, die die Menschen faszinierte, die unterschwelligen Instinkte, die in ihren Streichen zum Ausdruck kamen. Sie war so wild und schön, so nah und so echt. Silje liebte das Leben mit Ayla und hat uns eingeladen, ihre gemeinsame Welt kennenzulernen. Die vielen Bilder geben einen guten Eindruck davon. Ayla hatte eine ausgesprochen liebenswerte Persönlichkeit, die etwas ganz tief in den Menschen berührte.

Natürlich spielt dabei auch die Tatsache eine Rolle, dass Ayla von einer Pelztierfarm gerettet wurde. Schließlich lehnen viele Menschen diese Industrie strikt ab. Hätte Silje Ayla nicht aufgenommen, dann wäre die junge Füchsin wohl als Pelzkragen oder Mütze geendet, und das lange vor dem tragischen Unfall im Wald von Sæland.

Ayla hatte ein wunderbares Leben bei Silje. Ein Leben, das leider viel zu früh endete. Aber ihre Geschichte lebt, ist bei uns und erinnert uns daran, dass alles möglich ist, wenn wir nur fest daran glauben. Hier soll sie erzählt werden, vom Anfang bis zu ihrem traurigen Ende.

IM ALTER VON
FÜNF WOCHEN WIRD
AYLA EINE NATIONALE
BERÜHMTHEIT

AM 8. MAI 2016, ausgerechnet am symbolträchtigen Tag der Befreiung, postet Silje das erste Foto von Ayla auf Instagram. Es zeigt den Winzling auf einem Büschel Heidekraut gleich vor dem Hof. Ayla ist genau fünf Wochen alt und gerade aus der Pelztierfarm freigekauft worden. Eine rührende Geschichte. Und nach ein paar Stunden hat Ayla schon sechstausend Follower. Sie ist einfach niedlich, klar, aber Silje ist trotzdem sprachlos über die Resonanz. Wie kann das sein? Es dauert nicht lange, dann ist ihr klar, dass Ayla die Menschen da draußen auf eine ganz besondere Weise anspricht. Ayla ist ein Symbol für etwas, was größer ist als sie selbst. Es muss noch etwas anderes geben …

Als Silje die nächsten Bilder postet, kommen siebentausend neue Follower dazu. Und so geht es Schlag auf Schlag. Alle wollen diese Fotos sehen. Das Telefon läuft heiß. Die Magazinsendung *Norge Rundt* macht den Anfang, nachdem eine Freundin von Silje den Fernsehleuten einen Hinweis gegeben hat. Dann kommen die großen Tageszeitungen *Aftenbladet* und *Aftenposten,* es folgen KK, LokalTV, TV2, Tiermagazine und so weiter. Journalisten von lokalen und landesweiten Medien kommen zu Besuch, wollen Silje und Ayla auf ihren Touren begleiten. Silje kann gar nicht alle Einladungen ins Fernsehen berücksichtigen, die sie bekommt. Einige nimmt sie an, andere muss sie absagen. Sie hat ja auch noch einen Beruf.

Dann kommt eines Tages ein Anruf vom Tierblog des *Dodo Magazine* in New York, wohl eine der beliebtesten Internetplattformen für Tierfreunde auf der ganzen Welt. Dort werden mit großem Engagement für die Probleme und Rechte der Tiere Geschichten aus aller Welt veröffentlicht. Die Blogger haben die Fotos auf Instagram gesehen, erzählen sie. Sie finden die Geschichte interessant und würden gern ein Video auf ihrer eigenen Website, auf YouTube und so weiter posten. Ob das wohl möglich wäre?

Es ist nicht das erste Mal, dass Silje von amerikanischen Internetplattformen angesprochen wird. Nicht alle sind seriös, um es vorsichtig auszudrücken. Da ist es gut, eine Tierärztin zu haben, die weiß, wofür diese Internetplattformen stehen, und die ihr einen Rat geben kann. *Dodo* ist absolut im ethischen Rahmen, sagt sie, darauf kann sich Silje ohne Weiteres einlassen.

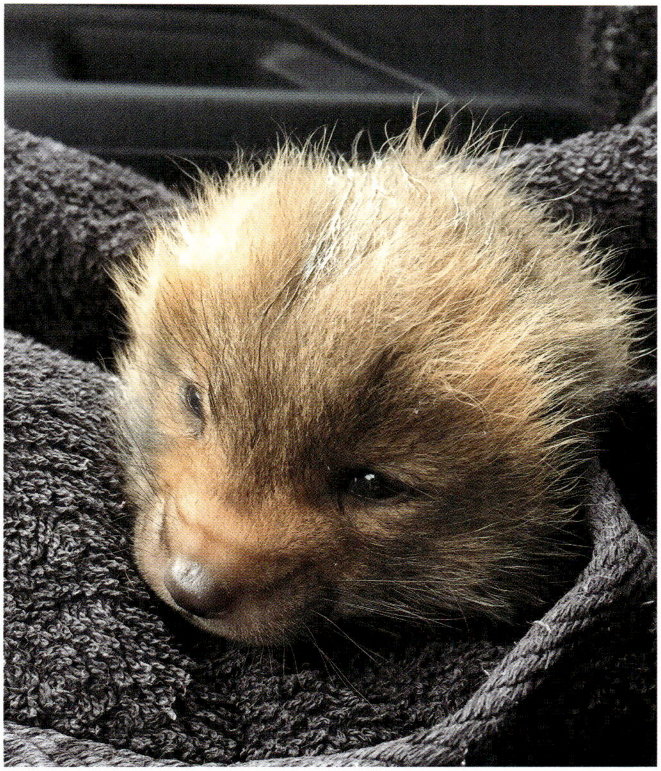

Heute gibt es fast hundert Millionen, die die Filme gesehen haben, ohne dass Silje besonders viel dafür getan hat.

Also gut. Die Leute in New York dürfen ihr Material benutzen.

Im Lauf weniger Wochen ist Ayla weltberühmt. Jedes Mal, wenn Silje nachschaut, wie viele Menschen sich die Filme angesehen haben, ist es wieder eine Million mehr. Verrückt! Und dann die Kommentare von überallher! Wie schön es ist, dass Silje Ayla vor dem Tod auf der Pelztierfarm gerettet hat. Wie gesund und lustig die Kleine aussieht. Die Leute danken Silje und gratulieren den beiden. Einer der nettesten Kommentare stammt aus Russland. Dort steht, dass Ayla wohl mittlerweile genauso bekannt ist wie Putin. Das ist natürlich mehr als nur ein bisschen übertrieben, zeigt aber, wie stark die Menschen an der Geschichte von Ayla Anteil nehmen.

Heute gibt es fast hundert Millionen, die die Filme gesehen haben, ohne dass Silje besonders viel dafür getan hat. Und dann gibt es ja noch die achtzigtausend Follower bei Instagram.

Als Ayla verschwand, verfolgten Tausende von Menschen in den Nachrichten und den sozialen Medien die dramatische Suche. Im Rückblick ist es wirklich rührend, wie viel Mitgefühl die Suche im In- und Ausland auslöste. Silje hat Tausende von Mails und Kommentaren von Menschen bekommen, die die Suchaktion verfolgten und hofften, dass sie ein gutes Ende nähme. Und als sie dann leider doch kein gutes Ende nahm, kamen unzählige aufrichtige Beileidsschreiben. Silje ist sehr dankbar für die große Unterstützung und all den Trost.

DREI MONATE SPÄTER,
30. APRIL 2017

DER HIMMEL WÖLBT SICH hoch über der Ebene von Jæren im Südwesten Norwegens. Der Horizont ist weit, das Klima mild. Die größte Ebene des Landes, heißt es, mit ausgezeichneten natürlichen Voraussetzungen für Landwirtschaft und Viehhaltung. Das war freilich nicht immer so. In alter Zeit bestand das Land hier aus Fels und endlosen Mooren. Die Steinmauern, die sich in raffinierten geometrischen Mustern zwischen den Feldern erheben, sind Zeugen der wahnsinnigen Schufterei, derer es bedurfte, das Land fruchtbar zu machen. Heute sind diese Mauern ein geschütztes Kulturgut. Sie ziehen sich meilenweit in alle Richtungen.

Grünere Wiesen als hier findet man nirgendwo. Das Verhältnis zwischen Wärme und Niederschlag ist günstig für Gräser wie auch Wurzel- und Knollengemüse. Die meisten Bauern betreiben außerdem Viehzucht, hauptsächlich Milchwirtschaft, aber es werden auch Schweine und Hühner gehalten.

Umgeben von all dieser Herrlichkeit liegen die menschlichen Ansiedlungen über die faszinierende Landschaft verstreut. Der Pioniergeist der Menschen ist hier stark ausgeprägt, das Wirtschaftswachstum ebenso. Nach wie vor ist die Landwirtschaft von großer Bedeutung, aber der Einfluss der Ölindustrie steigt. Überall werden kleinere Betriebe aus diesem Bereich gegründet.

Draußen an der Küste erstrecken sich die Sandstrände von Randaberg und Stavanger im Norden bis nach Brusand im Süden. Fast fünfzehn Kilometer der tollsten Strände, die man sich nur vorstellen kann. Ein Eldorado für Surfer und Kiter. Und wenn das Wetter es zulässt, kommen auch ein paar Badegäste.

Seit alter Zeit galt das Gebiet von Jæren als einer der gefährlichsten Küstenabschnitte Norwegens. Wer hier in ein Unwetter oder in Nebel geriet, hatte ein echtes Problem. Viele schafften es nicht, es gab immer wieder Schiffsunglücke. Ab Mitte des 19. Jahrhunderts wurde eine Reihe von Leuchttürmen gebaut, um die Schiffe sicher an diesem Küstenabschnitt vorbeizuleiten. Der letzte war der von Kvassheim; er wurde 1912 fertiggestellt.

Das Meer hier ist also ziemlich wild. Nach Stürmen und Unwettern kann es vorkom-

men, dass sich die Strände verlagern. Es gibt Flugsand hier, leicht wie Schnee und immer in Bewegung. Einer der letzten Stürme legte sogar ein Schiffswrack aus den Sanddünen frei. Hundertfünfzig Jahre hatte es dort gelegen und seine Geheimnisse bewahrt. Ja, das Meer hier ist unberechenbar.

Ich werde nie genug von dieser Gegend bekommen. Fahr einfach den Riksvei 44 runter, sage ich immer, wenn mich jemand nach einer Empfehlung fragt. Da bekommst du das Beste von dem zu sehen, was Jæren zu bieten hat. Und mach auf jeden Fall einen Spaziergang am Orrestranden, dem längsten Sandstrand unseres Landes. Ein durch und durch magischer Ort.

Auch heute bin ich auf dieser Straße unterwegs. Ich will nach Brusand, von wo ich die Stichstraße hinauf nach Undheim nehmen werde. Dann noch ein paar Kilometer, hat man mir gesagt, und auf das Schild mit der Aufschrift »Matnisdal« achten. Da will ich hin. Zu Silje und Ayla. Die beiden leben auf einem kleinen Bauernhof zwischen grünen Wiesen. Wir haben uns schon getroffen, aber heute besuche ich die beiden zum ersten Mal zu Hause. Ich bin gespannt und freue mich auf den Besuch. Wir wollen ein paar Tage zusammen verbringen, wollen reden, schreiben und wandern. Unser kleiner Star Ayla soll ein eigenes Buch bekommen, das haben wir uns vorgenommen.

Meine treue Hündin Molly ist mit von der Partie. Sie und Ayla mögen sich, kommen

gut miteinander aus. Beim ersten Zusammentreffen sprang Molly sofort wieder ins Auto, als sie Ayla sah. Dieses fremde Tier war ihr unheimlich, das konnte man ganz klar sehen. Ich musste sie aus dem Auto heben. Ayla jedoch legte sich sofort auf den Rücken und unterwarf sich, genau wie ein Hund, der einem anderen Respekt zeigt. Wovor? Keine Ahnung, vielleicht vor Mollys würdigem Alter.

Es war eine seltsame erste Begegnung, aber damit war die Sache dann geklärt. Inzwischen können wir über die Heide spazieren und über alles Mögliche reden, während Ayla und Molly ihren eigenen Plänen folgen. Ab und zu wird ein bisschen geknurrt und gebellt, wenn wir einen Ball oder ein Stöckchen werfen, ansonsten traben die beiden einträchtig nebeneinander her.

Bald bin ich da. Es ist eine ziemlich lange Fahrt, doch das macht mir nichts aus, weil sie so schön ist, dass ich sogar immer wieder das Tempolimit vergesse. Bei Brusand verlasse ich den Küstenstreifen, fahre ins Landesinnere, wo sich das Land zwischen den strahlend grünen Wiesen langsam erhebt. Wer glaubt, Jæren wäre absolut flach, irrt sich. Genau hier verläuft die Grenze zwischen dem unteren und dem oberen Teil. Und der Brusaknuten, der höchste Punkt der Gegend, ist immerhin 430 Meter hoch.

Ich muss auch noch ein Stück höher fahren, aber es ist nicht mehr weit. Um mich

herum das jubelnde Rauschen schäumender Bäche, der Duft von Moor und Erde. 30. April, und der Frühling ist schon in vollem Gange. Ich fahre mit offenen Fenstern, natürlich, und genieße den Duft neuen Lebens.

»Matnisdal« steht auf dem Schild. Der Pfeil weist nach rechts. Ich biege ab auf den Weg zum Hof, fahre über eine Brücke und dann einen kleinen Hügel hinauf, bis ich auf der Hauswiese stehe. Was für ein Idyll – überbordende Natur zu allen Seiten. Zwei Häuser stehen hier, dazu ein ziemlich großes Wirtschaftsgebäude. Achtundzwanzig Kühe stehen im Stall, habe ich mir sagen lassen. Silje lebt in dem älteren der beiden Wohnhäuser, ihre Eltern in dem anderen. Sie ist Logistikerin bei IKM Haaland, einem der modernsten Betriebe Europas zur Herstellung von Blechen. Ihre Arbeitstage sind immer angefüllt und interessant, hat sie mir einmal erzählt.

Silje ist ein bisschen über dreißig Jahre alt, aber darauf kommt es eigentlich nicht an. Worauf es ankommt, das ist ihre große Leidenschaft für Tiere. Sie hat alle wichtigen Entscheidungen in ihrem Leben geprägt. Man kann wohl sagen, dass Silje ein wenig exzentrisch ist und gern ihrem eigenen Kopf folgt.

Silje kommt fröhlich lächelnd aus dem Haus und empfängt mich mit offenen Armen. Ihre Hand ist verbunden. Hat sie sich verletzt?

»Nichts Schlimmes, kein Grund zur Beunruhigung. Mir geht es gut. Ayla hat gestern nach mir geschnappt und sich ausgerechnet dort festgebissen, wo die Zähne am leichtesten reingehen«, sagt sie und wickelt vorsichtig den Verband ab, um mir die Stelle zu zeigen.

»Da hing sie dann, ich musste sie richtig losreißen. Und davon wurde es natürlich noch schlimmer. Sie hat messerscharfe Zähne, weißt du. Als ich das Blut sah, wurde mir ganz schwindelig und übel. Ich musste mich echt auf den Küchenboden legen, damit ich nicht ohnmächtig wurde. Dann haben sie mich zum Arzt nach Bryne gebracht. Der hat einen Verband angelegt und mir eine Tetanusspritze verpasst.«

Die Wunde sieht gar nicht gut aus, muss ich zugeben. So ist das also, wenn man einen Fuchs im Haus hat?

»Ach was, nein«, wehrt sie sofort ab. »Ich bin es ja gewohnt, dass sie mal zubeißt, genau wie Katzen und Hunde. Das ist eher so ein Schmusebeißen, im Grunde genommen ganz zärtlich. Aber manchmal dreht sie durch und wird richtig rabiat und wütend. So war das gestern. Ich war selbst erstaunt, weil es so plötzlich kam und so heftig wurde. Vielleicht muss man tatsächlich mit so etwas rechnen, wenn man Pflegemutter eines Wildtieres ist.

Ayla ist nicht leicht zu durchschauen, weißt du. Sie ist genauso unberechenbar wie das Wetter in dieser Gegend, beißt in alles, was sie kriegen kann, reißt es in Stücke und macht ziemlich viel kaputt. Ich muss ständig aufpassen, dass ich nichts herumliegen lasse, weder auf dem Sofa noch auf dem Tisch. Sobald sie ihre Chance sieht, geht es los. Sie hat schon ein paar Ladegeräte fürs Handy zerbissen, Kugelschreiber, Bücher und Kissen. Und ihr Verschleiß an Teddybären ist enorm. Gerade gestern hat sie einen neuen bekommen.«

Ayla ist heute auf den Hof verbannt, in ihr Gehege unter der Terrasse, das acht bis zehn Quadratmeter groß ist. Dort kann sie spielen und hat eine kleine Hütte.

»Sie braucht heute mal ein bisschen Zeit für sich. Und ich habe die Gelegenheit genutzt und das ganze Haus geputzt«, sagt Silje und bittet mich hinein.

»Man merkt den Geruch noch, oder?«, sagt sie. »Ziemlich stechend. Draußen hast du ihn wahrscheinlich nicht wahrgenommen, aber hier drinnen riecht man es, er

sitzt überall drin, obwohl ich gerade geputzt habe.«

Ja, das muss ich zugeben, es liegt ein gewisser Duft in der Luft. Doch ich finde ihn nicht besonders schlimm.

»Kann aber ziemlich schlimm werden«, erklärt Silje. »Manchmal stinkt es hier so übel, dass ich am liebsten weglaufen möchte. Ayla pinkelt und markiert überall, weißt du. Selbst in Sofaecken und auf meine Einkaufstaschen. Sie pinkelt sogar in ihren eigenen Fressnapf, den kann ich auch nicht stehen lassen. Apropos Geruch, da musste mir mein Vater helfen. Ihre Hütte im Hof stank nämlich so sehr, dass ich sie putzen musste. Damit ich gut in alle Ecken kam, haben wir sie in zwei Hälften zersägt. Einfach in der Mitte durch. Und hinterher wieder zusammengesetzt. Du lieber Himmel, da drin sah es vielleicht aus! Ich will gar nicht ins Detail gehen, wir wollen ja schließlich noch Kaffee trinken. Ich habe echten Kochkaffee gemacht. Hast du Hunger?«

Siljes Wohnzimmer ist kahl. Keine Deko, keine Blumen, nichts. Alles Wichtige steht in den obersten Regalfächern oder ist in Schubladen und Schränke geräumt. Keine Tischdecke, kein Teppich, nur ein paar Spielsachen auf dem Boden, ein angekauter Teddybär, ein Korb in der Ecke. Die Vorhänge sind zugezogen: Ayla ist zu viel auf den Fensterbrettern herumgestromert.

»Jetzt sag doch mal ehrlich, Silje, warum musste es ein Fuchs sein? Du hättest dir doch auch einen Hund anschaffen können wie alle anderen Leute.«

»Eigentlich wollte ich auch einen Hund. Am liebsten einen Malamut, einen großen Husky, wie man sie bei den Schlittenhunderennen sieht. So einen, der tagelang rennen kann. Ich bin so gern in den Bergen unterwegs, da brauchte ich endlich einen vierbeinigen Begleiter. Aber dann wurde ich krank, meine Muskeln fingen an zu schrumpfen, und ich war auf einmal viel weniger beweglich. Mir in diesem Zustand so einen Hund anzuschaffen, das ging einfach nicht, das musste ich einsehen. Inzwischen, nach fünf Jahren, geht es mir zum Glück wieder viel besser.

Dass ich mir dann ausgerechnet einen Fuchs als Wanderkameraden aussuchte, war kein Zufall. Wir haben nämlich schon zwei Füchse hier gehabt. Den ersten bekamen wir, als ich fünf Jahre alt war. Ein Nachbar hielt Füchse, und wir Kinder waren ständig dort und bewunderten die schönen Tiere. Das hat er sich wohl ge-

Jetzt sag doch mal ehrlich, Silje, warum musste es ein Fuchs sein? Du hättest dir doch auch einen Hund anschaffen können wie alle anderen Leute.

merkt, denn eines Tages stand er am Geburtstag eines meiner Brüder auf unserer Hauswiese – mit einem Silberfuchs als Geschenk. Was für ein Nachbar! Und was für ein Glück für uns! Dieser Fuchs war so anhänglich, dass er uns praktisch überallhin folgte. Und man konnte fantastisch mit ihm Verstecken spielen. Er liebte mich sehr, und die meiste Zeit waren wir unzertrennlich. Wenn er nicht mit uns zusammen sein konnte, musste er in sein Gehege auf dem Hof. Das gefiel ihm aber gar nicht. Ein paarmal hat er sich einen Tunnel gebuddelt und ist regelrecht ausgebrochen. Dann mussten wir ihn suchen, und das konnte dauern. Wir liefen durch den Wald, über die Wiesen, riefen und lockten ihn. Manchmal dauerte es Tage, bis wir ihn mit einem Köder wieder anlocken konnten.

Doch eines Tages kam er nicht mehr zurück. Jeden Tag waren wir draußen und riefen nach ihm, aber er tauchte einfach nicht wieder auf. Wochen später erfuhren wir, dass ein anderer Nachbar ihn geschossen hatte. Ich war ganz außer mir und nahm mir seinen Tod sehr zu Herzen. Er war so niedlich gewesen! Es war ein schwerer Verlust. Lange habe ich um ihn getrauert, eigentlich bis zu dem Tag, als meine Brüder mit einem neuen weißen Fuchs nach Hause kamen. Sie hatten ihn von ihrem Spargeld gekauft, und ich sollte jetzt auf ihn aufpassen. Wenn das nicht echte Geschwisterliebe ist! Wir nannten die kleine Füchsin Mikkeline, weil der erste Mikkel geheißen hatte. Tatsächlich waren sich die beiden recht ähnlich, sowohl vom Aussehen her als auch vom Charakter. Es war eine schöne Zeit für Mikkeline und mich. Einige Jahre stromerten wir zusammen hier herum, gingen auf Entdeckertouren und spielten. Sie ist ziemlich alt geworden und dann gestorben.«

»Du wusstest also, worauf du dich einlässt.«

»Ja und nein, es war ja eine Weile her. Und Menschen neigen dazu, sich an das zu erinnern, was schön und lustig war, und den

Rest zu vergessen. Meine erste große Herausforderung ergab sich daraus, dass ich niemanden kannte, der Füchse züchtet. Ein Kollege hat mich dann auf einen Züchter hier in der Gegend aufmerksam gemacht. Er hält hauptsächlich Nerze, hat aber auch ein paar Füchse. Als ich anrief, war er erst mal sehr skeptisch, weil er wohl dachte, ich wäre eine Tierschutz-Aktivistin, die ihm ans Leder wollte. Er wollte ganz genau wissen, wer ich bin, wo ich wohne und ob ich schon Erfahrung mit Füchsen habe. Als ich ihm alles erzählt hatte, war er einigermaßen beruhigt. Prüfung bestanden. Er sagte mir, eine seiner Füchsinnen sei trächtig, und er würde mir Bescheid geben, wenn die Welpen so weit wären.

Wir lassen uns leicht von der Schönheit verführen.
Sie kann vieles überstrahlen.
Dass der Fuchs ein besonders schönes Tier ist,
darauf können wir uns leicht einigen.
Aber ob du auch mit dem Rest zurechtkommst?

Silje freute sich sehr, aber nachdem die Verwirklichung ihres Plans auf einmal zum Greifen nahe war, meldeten sich die Zweifel. Worauf ließ sie sich da ein? Man geht ja nicht einfach los und schafft sich so mir nichts, dir nichts ein Wildtier an. So läuft das nicht. War sie wirklich bereit dafür? Oder handelte es sich nur um einen merkwürdigen Anfall von Kindheitsnostalgie?

Else war die Erste, die von Siljes Plan erfuhr. Die beiden sind seit der Sekundarschule beste Freundinnen, haben zusammen ein Internatszimmer bewohnt, unzählige Feste gefeiert und Hunderte von Bergtouren unternommen. Seit fast zwanzig Jahren sind die beiden jungen Frauen unzertrennlich.

Else fand es natürlich toll, einem todgeweihten kleinen Fuchswelpen eine Chance zu geben, ihn aus der Gefangenschaft zu befreien und ihm ein neues Leben unter viel besseren Voraussetzungen zu ermöglichen. Sie wusste, dass Silje schon Füchse auf dem Hof gehabt hatte. Aber wenn sie ehrlich war, musste sie auch fragen, ob Silje alles bis zum Ende durchdacht hatte. Und dann blieb immer noch das ethische Dilemma: Ist es richtig, ein Wildtier als Haustier zu halten?

Silje tat es gut, dass ihre Freundin so ehrliche, kritische Fragen stellte und ihr half, alles noch einmal zu durchdenken. Ein ganzes Wochenende redeten die beiden. Dann waren die Zweifel ausgeräumt, und sie konnten sich beide freuen.

Zwei Monate später klingelte das Telefon: Silje konnte kommen und Ayla abholen. Es war Samstag, der 30. April, einer dieser fantastischen Frühlingstage. Die Sonne strahlte vom hohen Himmel, die Wiesen leuchteten grün, die Natur lebte wieder. Silje fuhr los, eine Freundin und eine warme Decke im Auto.

Auf der Pelztierfarm wurden sie freundlich empfangen. Aber sie bekamen eine Gänsehaut, als sie die vielen Tiere in ihren Käfigen sahen. Nur schnell wieder weg hier!

Der Käfig für die Füchse stand auf dem Hof, ein Stück von den Nerzen entfernt. Und da waren sie, die Mutter und vier kleine, niedliche Welpen. Wenige Hundert Gramm, schätzte Silje, als sie sie in der Hand wog, nicht viel mehr als eine kleine Tüte Bonbons. Aber genauso süß.

Es handelte sich um eine Mischung aus Rotfuchs und Silberfuchs, erklärte man ihr, die auch Goldfuchs genannt wird. Vier Wochen alt, sie konnte sich einen aussuchen. Silje wusste sofort, welcher ihr Welpe war. Vorsichtig nahm sie ihn an die Wange und spürte, wie ihr ganz warm wurde.

Von diesem Tag an gehörten sie zusammen, Ayla und Silje. Den Namen hatte sich Silje schon vorher ausgesucht, nach der Hauptperson der Geschichten vom Clan des Bären, die zu ihren Lieblingsbüchern gehörten.

FAKTEN ÜBER FÜCHSE

Die Tragzeit bei Füchsen beträgt 52 bis 53 Tage. Normalerweise werden vier bis sechs Welpen geboren. Der norwegische Rekord liegt bei vierzehn Welpen in einem Wurf.

Unmittelbar nach der Geburt wiegen die Welpen im Schnitt hundert Gramm und sind noch sehr auf die Mutter angewiesen. Bei der Geburt sind sie blind, die Augen öffnen sich erst nach zwei Wochen.

Die Säugezeit beträgt etwa einen Monat. Danach stellen sich die Welpen auf halb verdaute Nahrung um, die ihnen von der Mutter vorgewürgt wird. Vier Wochen später können sie sich ihr Futter selbst suchen.

LEBEN MIT AYLA

WIR BLÄTTERN FOTOS DURCH, die ersten, die Silje gemacht hat. Ayla auf dem Sofa. Ayla zusammengerollt auf ihrer Decke, in einer kleinen Schachtel, im Rucksack, im Heidekraut. Tausende Fotos. Und zu jedem kann Silje eine Geschichte erzählen.

Vier Wochen alt. So unschuldig und rein, so niedlich. Ich kann verstehen, dass Menschen von dem kleinen Kerlchen fasziniert sind, das alle ihre Beschützerinstinkte anspricht. Wenn man bedenkt, dass die Welpen zu diesem Zeitpunkt noch nicht viel sehen oder hören können, wird das Gefühl eher noch stärker. Aber ich spüre auch einen leisen Zorn, weil ich es so brutal finde. Musste man Ayla so früh von der Mutter trennen? Hätte sie nicht ein paar Wochen länger bleiben können, bis sie keine Milch mehr trinkt und nicht mehr so hilflos ist? So, wie man es bei Hundewelpen macht?

Silje gibt zu, dass sie Ayla sehr früh von der Mutter getrennt hat. Aber sie erklärt mir, dass man es genau so machen muss, um eine gute Bindung zum Menschen herzustellen. Sie kennt sich aus und weiß, wovon sie redet.

Als Silje an dem Nachmittag Ende April mit Ayla nach Hause kam, trug sie sie die nächsten Stunden in ein Handtuch gewickelt mit sich herum. Hin und her in ihrem Wohnzimmer, und dazu sang und summte sie alle Kinderlieder, an die sie sich erinnerte. Dann durfte Ayla die ersten unsicheren Schritte auf dem Fußboden machen. Der war ganz ungewohnt für die kleinen Pfoten, und sie fiel immer wieder um. Bald wurde sie müde.

Als es Abend wurde, holte Silje eine Pappschachtel, die sie aus der Arbeit mitgebracht hatte. Da hinein kam eine warme Decke, und schon war Aylas Prinzessinnenbett fertig. Offenbar gefiel es ihr dort, denn sie kam ein wenig zur Ruhe. So rechnete Silje damit, dass die erste Nacht ohne Probleme verlaufen würde. Sie stellte die Schachtel auf den Flur vor ihrem Schlafzimmer und ließ die Tür angelehnt, um alles unter Kontrolle zu behalten.

Kaum war sie selbst eingeschlafen, ging das Quieken los – ein herzzerreißendes Geräusch. Silje stand sofort auf, setzte sich auf den Boden und streichelte Ayla, bis die Kleine wieder eingeschlafen war. Eine Stunde später quiekte sie wieder. Silje versuchte es mit etwas Futter, aber Ayla war nicht hungrig. Sie suchte Sicherheit, wie sie sie bei ihrer Mutter gehabt hatte. Und so ging die erste Nacht dahin. Es ist wie mit einem neugeborenen Baby: Du liegst mehr wach, als dass du schläfst. Am nächsten Morgen war Silje sehr froh, dass es Sonntag war und sie nicht zur Arbeit musste.

Ayla schlief den ganzen nächsten Tag. Silje machte sich Sorgen und weckte sie ein paarmal, damit sie etwas aß. Es gab Katzenfutter, vermischt mit Rohmilch von den Kühen auf dem Hof, das Ganze serviert auf einem kleinen Teller. Ein echtes Schlemmermahl. Ayla tauchte die kleine Schnauze in die Leckereien, aber sie aß nur wenig.

Die nächsten Tage ging es dann viel besser. Bald konnte Silje die kleine Füchsin auf die ersten kurzen Spaziergänge mitnehmen. Einmal um die Hauswiese, dann auch schon ein bisschen weiter hinaus. Nur ein paar Schritte, die meiste Zeit musste Ayla getragen werden. Aber so langsam wurden ihre Beinchen kräftiger und der Gleichgewichtssinn besser. Und von da an folgte Ayla Silje auf Schritt und Tritt.

Die nächsten Tage brachten allerdings auch eine Herausforderung mit sich. Silje musste ja zur Arbeit. Was macht man da mit einem Fuchswelpen, der genauso abhängig ist wie ein Säugling? Ganz klar – man nimmt ihn mit. Zum Glück hat Silje einen Chef, der so etwas locker sieht. Ayla konnte in ihrer Schachtel im Büro liegen, Wand an Wand mit dem Lager, in dem Silje arbeitete. Und so machten sie es. Wenn Silje Pause hatte, kam sie ins Büro und fütterte Ayla. Danach machten die beiden einen kleinen Spaziergang. Ansonsten schlief Ayla sicher und ruhig in dem kleinen Büro. Die wenigen Kollegen, die wussten, dass dort ein Fuchs war, machten wenig Theater darum. Schließlich mussten alle arbeiten.

Nach z[illegible]ugierig und ungeduldig, dass sie mehr Anregung brauchte. Inzwischen fühlte sie sich zu Hause sicher genug und kam gut allein klar, solange Silje in der Arbeit war. Außerdem konnte Siljes Mutter ab und zu nach ihr sehen.

Für Silje war die Hauptsache, dass Ayla sich wohlfühlte. Deshalb wohnte die Kleine in einer Pappschachtel und nicht in einem Käfig. Aber so eine Schachtel hält nicht ewig. Eines Morgens, als Silje aus ihrem Schlafzimmer kam, waren Fuchs und Schachtel verschwunden. Ayla lag im Flur ein Stockwerk tiefer und schlief auf einem Handtuch. Sie hatte die Schachtel zerbissen, war auf Entdeckungstour gegangen und dabei die Treppe hinunterge-

purzelt. Damit war klar: Eine Box musste her. Und zum Glück fühlte sich Ayla darin von Anfang wohl. Die Tür der Box blieb immer offen.

Das Problem war nur, dass Ayla überall hinmachte, wo es ihr gerade einfiel. Silje legte im ganzen Haus Zeitungen aus, aber das half nicht viel; Ayla suchte sich immer wieder neue Plätzchen. Silje hätte sie natürlich in ihrer Box einsperren können, doch das wollte sie nicht, weil sie fürchtete, es würde zu viel Stress für Ayla bedeuten. Also, was tun?

»AYLA STEHT
AN ERSTER STELLE.
ICH MUSS ZURÜCKSTECKEN.«

IN DIESEN WORTEN drückt sich ein bemerkenswertes Maß an Aufopferung aus. Eine so intensive Liebe zu einem Tier mag vielen übertrieben vorkommen. Silje sieht das anders, sie hat für alle ihre Tiere so empfunden. Ihre Philosophie ist ganz klar: Wenn ich mich für ein Haustier entscheide, habe ich die Pflicht, dafür zu sorgen, dass es ein möglichst gutes Leben hat. Die Verantwortung dafür trage ich. Ich muss Zeit und einen Teil meines eigenen Wohlbefindens opfern. Das kann eine echte Lebensaufgabe werden und erstreckt sich unter Umständen sogar auf Freunde, Familie und eigene Interessen.

Abgesehen von ihrer besten Freundin Else hatten Siljes Freunde im Vorhinein nichts von ihren Plänen erfahren. Deshalb waren viele der Ansicht, sie sei jetzt vollkommen durchgeknallt, als sie eines Tages mit einem jungen Fuchs in der Bauchtasche zu einem Treffen kam. Aber Silje hatte den Besuch genau geplant. Ayla musste mitkommen, es war wichtig, dass sie sich an Menschen gewöhnte. Und tatsächlich wurde Ayla gut aufgenommen und bezauberte alle. Jeder wollte sie mal auf den Arm nehmen, sie wurde gestreichelt und gekrault, dass es eine Wonne war. Als sie genug hatte, krabbelte sie einfach zurück in die Tragetasche. Es war ein gemütlicher Abend, und so blieb es das ganze Frühjahr über.

Füchse sind generell eher scheu Menschen und anderen Tieren gegenüber. Silje fand die Sozialisierung wichtig, aber für manche Leute war es wohl doch eine gewisse Herausforderung, wenn sie Ayla überallhin mitnahm. Solange das Wetter schön war und sie im Garten sitzen konnten, war es kein Problem. Aber wenn man ins Haus musste, sah die Sache schon anders aus. Dann musste Ayla in der Regel in ihrer Box draußen bleiben.

Das erste Mal, dass Silje die kleine Füchsin mit zu Else nahm, ging es gleich richtig schief. Silje versprach, dass Ayla nicht aufs Sofa pinkeln würde. Sie würde einfach ein Schläfchen halten. Aber Ayla pinkelte natürlich doch. Und Menschen akzeptieren wirklich viel, aber nicht, dass ein Tier auf ihre Möbel pinkelt. Abgesehen davon, dass Fuchsurin, wie ich selbst inzwischen festgestellt habe, wirklich übel stinkt. Also durfte Ayla nicht mehr mit ins Haus, wenn Silje Leute besuchte. Es ging einfach nicht, auch wenn Siljes Freunde sich mit Kommentaren sehr zurückhielten.

DAS LEBEN AUF DEM HOF

DER ÜBLICHE SPAZIERGANG führte die beiden täglich in das Wäldchen in der Nähe des Hofes. Dort konnte Ayla herumlaufen, wie es ihr gefiel, sich austoben und ihren Instinkten freien Lauf lassen. Denn dort passierten natürlich die richtig spannenden Dinge: Unter Steinen, in der Erde, unter Büschen und Gestrüpp tummelten sich Larven, Insekten, Maulwürfe und Mäuse.

Jeden Tag gingen sie dorthin. Und jeden Tag wurde die Tour ein bisschen länger, bis sie irgendwann das Wäldchen ganz umrunden konnten. Inzwischen kannte sich Ayla dort so gut aus, dass sie auch mal allein bleiben durfte. Nach ein oder zwei Stunden kam Silje zurück und holte sie. Wenig später reichte es schon, wenn sie rief. Denn Ayla wusste genau, jetzt gab es Futter.

Das ganze Frühjahr und den Sommer über lief Ayla frei auf dem Hof herum, ohne dass es Probleme gab. Sie blieb weitgehend bei den Häusern und im Wäldchen. Wenn das Milchauto kam oder sie sonst etwas Aufregendes erlebte, stand das Garagentor immer offen. Dort hatte sie ein sicheres Plätzchen unter dem Schneemobil gefunden. Nachts schlief sie in ihrer Box bei Silje im Haus.

Wenn die Kühe auf die Weide gebracht wurden, war Ayla sofort zur Stelle. Erst hielt sie noch etwas Abstand, aber bald fasste sie Mut und lief mit, so flink und verspielt, wie nur ein Fuchs es sein kann. Die Kühe kümmerten sich kaum um den winzigen, neugierigen Unruhegeist, der um sie herumsprang, sie waren mit ihren eigenen Angelegenheiten beschäftigt. Wiederkäuen. Und noch mal wiederkäuen. Man glaubt ja nicht, wie viel Zeit Kühe mit Kauen verbringen.

Der Größenunterschied machte Ayla jedenfalls nichts aus. Sie hatte keine Angst vor den Kühen, und die Kühe akzeptierten sie, obwohl sie sicher manchmal störte. Sie hängte sich an die Ohren der großen Tiere, schnappte nach ihren Beinen und versuchte sie ständig zu ärgern. Aber Kühe sind ja nicht sehr verspielt. Wenn es ihnen zu viel wurde, schnaubten sie einmal kräftig, mehr passierte nicht. Ansonsten waren sie gute Freunde.

Schwieriger wurde es, als Ayla anfing, zu den Nachbarhöfen zu laufen. Auf einmal

konnte sie halbe Tage weg sein, wenn sie dort etwas Spannendes entdeckte.

Eines Tages kam dann der Nachbar vorbei. Ayla hatte seinen Hund tagelang bis aufs Blut gereizt, und er machte sich Sorgen, was passieren würde, wenn der Hund sich eines Tages losmachte. Der war nämlich groß und kräftig. Außerdem gab es Kaninchen und Hühner auf dem Nachbarhof, und früher oder später würden Aylas Instinkte sich wohl durchsetzen, meinte er.

Es war also Zeit, einen Zaun zu ziehen, damit sie den Hof nicht mehr verlassen konnte.

HIGH FIVE!

SILJE VERSUCHTE, AYLA von klein auf allerlei Tricks beizubringen. Sitz, Rolle, High Five und so weiter. Das brauchte viel Übung, war aber eine weitere Möglichkeit, Vertrauen und Zusammengehörigkeit herzustellen. Und Ayla lernte unheimlich schnell. Nur »Platz« klappte nie – als würde sie es einfach nicht verstehen. Später zeigte sich, dass sie es durchaus konnte, nur nicht wollte, der kleine Dickkopf.

Zu Anfang wurde sie mit Wurststückchen und viel Beifall belohnt. Das klappte gut, sie lernte eifrig und war sehr bereit zur Zusammenarbeit. Aber als Silje statt mit Wurst mit Hundeleckerchen daherkam, änderte sich die Lage schnell. Die mochte Ayla nämlich nicht, und deshalb gab sie sich bei den Tricks keine Mühe mehr. Also gab es wieder Wurst, bis ein Hundebesitzer Silje den Tipp gab, es doch mal mit dem Clicker zu versuchen. So ein Clicker ist ein kleines Gerät, das man in der Hand hält und – ja, wie soll ich es sagen? – Klicklaute erzeugt. Jedes Mal, wenn Ayla einen Trick machte, kam das Klicken. Eine andere Art von Lob, aber genauso wirkungsvoll, wie sich bald zeigen sollte.

Ayla lernte tatsächlich alle Tricks. Solange sie in der richtigen Stimmung war, bereitete ihr das Lernen überhaupt keine Probleme. Und es wurde ständig mehr. Das Einzige, was nicht so gut klappte, war das Küssen. Wenn Ayla ein Leckerchen von Siljes Lippen nehmen sollte, endete es immer wieder damit, dass sie Silje in die Nase biss. Aber die beiden gaben nicht auf.

Das Letzte, was Ayla lernte, war das Gehen auf zwei Beinen. Keine leichte Aufgabe, aber was Ayla anging, war nichts unmöglich. Und wer weiß, wenn sie länger gelebt hätte, dann hätte sie womöglich bei der örtlichen Agility-Meisterschaft starten können.

GESUNDHEITSCHECK UND IMPFUNGEN – WAS MUSS, DAS MUSS

TIERE KÖNNEN NICHT SAGEN, wenn ihnen unwohl ist oder wenn sie Schmerzen haben. Erst wenn es ihnen richtig schlecht geht, sieht man es ihnen an. Bei einem Hund oder einer Katze erkennt man die Signale in der Regel ziemlich schnell. Füchse jedoch und andere Arten, die normalerweise nicht so eng mit uns Menschen zusammenleben, können Krankheitszeichen sehr geschickt verbergen.

Bei unseren Haustieren reicht normalerweise ein jährlicher Gesundheitscheck. Bei einem Fuchs, der längst nicht so zahm ist, muss man öfter nachsehen.

Hunde und Füchse weisen viele Unterschiede auf, sind sich bei möglichen medizinischen Problemen jedoch recht ähnlich. Das gilt im Übrigen für alle Tiere. Bestimmte Bakterien, Viren und Parasiten greifen die verschiedensten Tierarten an – und oft auch uns Menschen. Aber die Behandlung einer Infektion unterscheidet sich je nach Tierart.

Füchse können sich bei Hunden anstecken und ihre Krankheiten an Hunde weitergeben. Sie leiden unter denselben übertragbaren Krankheiten, ganz so, als gehörten sie zu derselben Tierart. Deshalb müssen Füchse, die viel Kontakt zu Hunden haben, regelmäßig gegen Hundekrankheiten geimpft werden.

Ähnlich wie Hunde fressen Füchse gelegentlich tote Mäuse, Ratten oder Katzenkot (lecker!). Und dabei können sie sich Spulwürmer, Bandwürmer und andere Parasiten einfangen. Um die Entwicklung von Resistenzen zu vermeiden, sollte das Tier vor einer Wurmkur jedoch untersucht werden. Da Füchse nicht so zahm sind wie Hunde, besteht bei ihnen eine wirklich große Gefahr, dass sie Stoffe aufnehmen, die zu einem Wurmbefall führen. Deshalb müssen die Besitzer sehr auf die Anzeichen einer Ansteckung achten und engen Kontakt mit ihrem Tierarzt halten, was Untersuchungen und Wurmkuren angeht.

Und ja, Füchse können auch Flöhe bekommen, wie so viele andere Tiere auch. Das ist nicht nur für das Tier unangenehm, sondern ebenso für seinen Besitzer, denn das Tier bringt die Flöhe ja mit ins Haus. Zum Glück gibt es auch dagegen allerlei Mittel.

Und damit kommen wir zum wichtigsten Punkt für alle Tierärzte, die einen Fuchs unter ihren Patienten haben: Verschiedene Tierarten, manchmal sogar verschiedene Rassen derselben Art, können ganz unterschiedlich auf Medikamente reagieren. Füchse vertragen nicht automatisch dieselbe Medizin wie Hunde. Deshalb muss immer genau überprüft werden, welche Inhaltsstoffe in einem Medikament enthalten sind. Und dann müssen sie alle daraufhin gecheckt werden, ob Füchse sie vertragen.

WAS ISST EIN FUCHS?

VON NATUR AUS sind Füchse Allesfresser. Sie essen, was sie finden. Das gilt besonders für kleine Nagetiere, Hasen, Vögel, Insekten, aber auch Beeren. Der Fuchs ist sozusagen der effektivste Aufräumer und »Müllmann« in der Natur, weil er kranke und tote Tiere in Wald und Feld verzehrt.

Natürlich ändert sich das Nahrungsangebot mit den Jahreszeiten und den sonstigen Verhältnissen im Lebensumfeld des einzelnen Fuchses. Ein erwachsener Rotfuchs braucht in vierundzwanzig Stunden zwischen einem Pfund und einem Kilo Nahrung. Aber er frisst nicht viel auf einmal; sein Magen kann nur etwa zehn Prozent des Körpergewichts aufnehmen. Bei Wolf und Hund ist es etwa doppelt so viel. Kein Wunder, dass Füchse wahre Meister darin sind, Futter zu verstecken, wenn sie etwas nicht gleich aufessen können. Es ist ja immer gut, wenn man einen kleinen Notvorrat hat.

Die ersten Tage bekam Ayla Katzenfutter, dazu Rohmilch von Kühen. Keine ideale Mischung, wie Silje später erfuhr. Katzenfutter ist zu fett und kann Füchsen schaden. Aber auch das eiweißreiche Hundefutter ist nicht so ganz das Wahre.

Eier, Obst, Gemüse, Fisch und rohes Fleisch – mit diesen Zutaten nähert man sich einer natürlichen Ernährung für den Fuchs an. Das Wichtigste war, Ayla alle Nährstoffe zur Verfügung zu stellen, die sie brauchte, um gesund und fit zu bleiben. Dazu gehört auch Taurin, das in tierischen Lebensmitteln enthalten ist. Ein Mangel an diesem Stoff kann zu Blindheit und Herzproblemen führen. Im Übrigen sind Essensreste grundsätzlich keine gute Ernährung für einen Fuchs.

Das Wichtigste war, Ayla alle Nährstoffe zur Verfügung zu stellen, die sie brauchte, um gesund und fit zu bleiben.

AYLAS BESTER
FREUND LOKE

VOR NEUN JAHREN hat sich Else einen Hund zugelegt. Sie hat ihn Loke getauft, nach einem der Götter aus der altnordischen Mythologie. Den alten Überlieferungen nach symbolisiert Loke die Abhängigkeit des Menschen von den Naturkräften und zeigt, dass Mensch und Natur sich gleichberechtigt gegenüberstehen.

Silje fand das klasse, weil es zeigte, dass Else ein eingefleischter Naturfan geworden war. Früher war das nämlich nicht so. Else hat sich erst überzeugen lassen, nachdem Silje sie auf längere Wanderungen in den Bergen mitgenommen hatte.

Nach der ersten Tour mit Zelt war es um Else geschehen. Seitdem haben die beiden unzählige Touren zusammen gemacht, haben Naturerlebnisse und magische Momente geteilt, bei stürmischem Wetter und bei Sonnenschein. Und ihre Freundschaft ist dadurch noch enger geworden.

Loke macht seinem Namen alle Ehre. Er ist sehr gern mit den beiden Frauen unterwegs. Ein paarmal ist er krank gewesen, aber immer wieder ganz gesund geworden. Manchmal ist er ein bisschen zerstreut, doch er ist nett und immer gut gelaunt, das muss man ihm lassen. Das Einzige, was ihn wirklich aus der Fassung bringt, sind andere Hunde. Er mag es überhaupt nicht, wenn sie ihm zu nah kommen, dann wird er stocksauer. Ein richtiger alter Eigenbrötler, anders kann man es nicht sagen.

Doch als Ayla auftauchte, verstanden sich die beiden auf Anhieb. Loke war erst ein bisschen skeptisch, weil Ayla ihn einfach nicht in Frieden lassen konnte. Sie sprang ständig an ihm hoch, biss sich an seinen Lefzen fest, hängte sich an seinen Schwanz, kletterte und hüpfte auf ihm herum. Irgendwie ertrug er das alles, war die Geduld selbst und lief nie vor ihr weg.

Mit der Zeit haben die beiden eine ganz besondere Beziehung entwickelt. Sie freuen sich immer, wenn sie sich sehen, können aber auch gut für sich sein.

Drei Dinge liebt Loke mehr als alles andere auf der Welt: Else, Wandertouren und Tennisbälle. Und natürlich Futter. Loke ist unglaublich verfressen, wie alle bestätigen können, die ihn kennen. Man sieht es ihm auch an, er hat durchaus so seine Rundungen um die Taille. Aber was will man ma-

chen? Er hat sich halt mit Essen getröstet, als er krank war. Im Übrigen ist er ausgesprochen gut in Form, und er kann stundenlang wandern, wenn es sein muss.

Wenn man ihn jedoch so richtig glücklich machen will, ist Futter eine sichere Bank. Das wusste Ayla ganz genau, die beiden kannten sich ja gut. Sie hatte sich schnell einen Platz in seinem Herzen erobert. Und gute Freundschaft kann sich auch unter Tieren auf vielerlei Weise zeigen.

Eines Tages, als Loke zu Besuch war, kam Ayla angelaufen und brachte ihm ein Käsebrot. Das hatte sie im Garten vergraben, um es bei passender Gelegenheit wieder auszubuddeln. Wer weiß, vielleicht hatte sie sogar von Anfang an Loke dabei im Sinn gehabt. Jedenfalls kam sie jetzt mit dem Käsebrot im Maul zu ihm gelaufen, legte sich auf den Rücken und bot ihm den Leckerbissen an. Loke ließ sich natürlich nicht lange bitten und nahm ihr das Brot vorsichtig aus dem Maul. Das ist doch wahre Freundschaft!

Loke hat zweifellos viel dazu beigetragen, Ayla zu einem Gemeinschaftstier zu machen. Wenn sie später andere Hunde traf, gab es nie Schwierigkeiten. Das einzige Mal, wo sich ihre Instinkte durchsetzten, war bei der Begegnung mit einem riesengroßen Husky. Da wäre aber vielleicht auch manch anderer ein bisschen nervös geworden.

Silje fand das klasse, weil es bedeutete, dass Else ein eingefleischter Naturfan geworden war.

»ICH WILL DIE BERGE FÜR MICH ALLEIN. UND WEIL ICH SO GERN ALLEIN UNTERWEGS BIN, HABE ICH MIR EINEN FUCHS ALS BEGLEITER GESUCHT.«

Die Tour über das Skinansfjell gehört in meiner Erinnerung zu den Höhepunkten. Sie fasst ganz gut all das zusammen, was wir auf diesen Wanderungen erlebten und beredeten.

WAS FÜR EIN UNGEHEURES Glück ist es doch, wenn man einen ganzen Wald für sich allein hat. Oder ein Gebirge.

Silje war schon immer gern mit dem Zelt unterwegs, sie liebt es, draußen zu schlafen und im Morgengrauen bei Vogelgezwitscher mitten in der Natur aufzuwachen. Es ist, als läge ihr die Liebe zu so einem Leben im Blut.

Sie hatte sich immer vorgestellt, wie es sein würde, wenn sie mit Zelt und Angel losziehen würden, zu einer großen Tour über die Hochebenen, nur sie und Ayla und vielleicht noch Else und Loke. Jotunheimen, Dovre, die Finnmarksvidda – lauter magische Orte, die da draußen auf sie warteten. Für Silje und Ayla war jeder kleine Spaziergang eine Trainingseinheit auf dem Weg zu größeren und höheren Zielen.

Nachdem ich Silje und Ayla kennengelernt hatte, durfte ich sie auf einigen Touren begleiten. Was für ein Glück! Nicht auf den ganz langen Wegen, aber doch auf schönen, erlebnisreichen Wanderungen, wo genug Zeit blieb, um zu reden und zu philosophieren.

Die Tour über das Skinansfjell gehört in meiner Erinnerung zu den Höhepunkten. Sie fasst ganz gut all das zusammen, was wir auf diesen Wanderungen erlebten und beredeten. Der Text auf den folgenden Seiten gibt praktisch wortwörtlich das Gespräch wieder, das wir führten, als wir an einem Frühlingstag im Mai dort oben auf dem Gipfel saßen. Ayla war gerade ein Jahr alt geworden. Natürlich dreht sich dieses Gespräch sehr viel um Füchse. Es beschreibt recht genau, wie Ayla sich in der Natur verhielt und wie die beiden zu ihrem einzigartigen Miteinander gekommen waren. Ayla war eine Persönlichkeit mit unglaublich vielen Facetten. Man konnte sie nicht so ohne Weiteres durchschauen. Aber sie lehrte uns auch viele verrückte Dinge.

VEN

FREIE WEGE
IM HOCHLAND

DAS HOCHLAND VON JÆREN – eine endlose, blank polierte Felsplatte. Hier oben haben einst, vor zehntausend Jahren, die Gletscher alles glatt geschliffen. Dann sind sie plötzlich verschwunden wie Tau in der Sonne. Das Klima wurde milder und lebensfreundlicher. Nicht lange, dann kamen die ersten wilden Rentiere nach Norden gezogen. Im Gefolge der Rentiere kamen die Menschen – und gleich darauf der Rotfuchs, dieses außergewöhnlich anpassungsfähige, listige Tier, das sich von so ziemlich allem ernähren kann.

Die ältesten prähistorischen Funde von Rotfüchsen in Nordeuropa sind etwa 9500 Jahre alt. Man kann also ohne Weiteres sagen, dass der Fuchs schon eine ganze Weile hier lebt. Wir leben seit Tausenden von Jahren als Nachbarn miteinander. Also sollten wir uns eigentlich ganz gut kennen.

Aber aus irgendeinem Grund tun wir das nicht, denke ich, als wir unsere Wanderung aufs Skinansfjell beginnen. Es ist mitten in der Woche, die Gegend ist menschenleer, und wir hören nur das Wasser des blauen Flusses, das sich mit dem Schmelzwasser der letzten Schneereste vermischt. Wir gehen und hängen unseren eigenen Gedanken nach, plaudern ein wenig; Ayla ist damit beschäftigt, das Gelände zu erforschen.

Seltsam, denke ich – ich habe noch nie einen Fuchs so frei in der Natur erlebt, obwohl ich sicher mehr in Wald und Gebirge unterwegs bin als viele andere.

Fuchspelze waren immer eine begehrte Handelsware. Wir Menschen haben den Fuchs seit Urzeiten gejagt, zeitweise gab es sogar Abschussprämien. Nachdem der Fuchs als großer Hühnerdieb und Lämmermörder galt, muss einen das nicht wundern. Während der Jagdsaison 1974/75 wurden allein in Norwegen 67 000 Rotfüchse erlegt, habe ich irgendwo gelesen. Das sagt ja schon einiges aus. Während der Achtzigerjahre sanken die Bestände erheblich. Es heißt, die Fuchsräude sei dafür verantwortlich gewesen. Die Krankheit verbreitete sich in ganz Europa und löschte Unmengen von Wildfüchsen aus. Ob sie inzwischen überwunden ist, weiß ich nicht. Jedenfalls steigen die Fuchsbestände wieder an.

Also: Warum habe ich noch nie einen Fuchs in freier Wildbahn gesehen? Hier im Gebirge, wo wir jetzt unterwegs sind, müsste es doch nur so von ihnen wimmeln! Liegt es daran, dass sie nur nachts auf die Jagd gehen, oder sind sie einfach scheu und listig, weil sie wissen, dass es besser ist, sich von den Menschen fernzuhalten? Machen sie einen Bogen um uns, wenn wir uns nähern, weil sie Angst haben, gefangen oder getötet zu werden?

»Es ist wohl eine Mischung aus all diesen Faktoren«, sagt Silje, als ich ihr meine trüben Gedanken mitteile. Und dann erzählt sie.

»Ich weiß, dass es hier Füchse gibt, ich sehe ja die Spuren und den Kot, rieche sie und spüre, dass Ayla unruhig wird. Aber wir sehen sie ebenso wenig wie du, sie verstecken sich einfach zu gut. Eigentlich denke ich eher selten an sie, muss ich zugeben. Sie sind sehr scheu, sowohl den Menschen als auch anderen Tieren gegenüber. Und sie sind ausgesprochene Einzelgänger. In der Paarungszeit kann es sein, dass sich mal ein Verehrer meldet, aber ich glaube nicht, dass da irgendeine Gefahr droht. Ayla und ich sind ja ständig zusammen. Und um mich machen die wilden Füchse mit Sicherheit einen Bogen.

Ich passe einfach ein bisschen auf. Wenn wir in den Bergen wandern, darf Ayla frei laufen. Aber sie weiß immer, wo ich bin. Und ich bin tatsächlich immer in der Nähe. Ich passe auf, dass sie nicht abhaut oder sich irgendwo zwischen den Felsblöcken verirrt. Manchmal ist sie so beschäftigt, dass es ihr vollkommen egal ist, ob ich sie rufe oder nicht. Sie wird dann eins mit der Natur, und dann ist es gar nicht leicht, sie wiederzufinden. Auch deshalb habe ich eine Leine mit kräftiger Farbe ausgesucht. Sie zeigt mir immer, wo Ayla ist.

Manchmal wird die Leine zwischen Steinen und Gestrüpp eingeklemmt, dann muss ich ihr helfen, sich zu befreien. Aber das macht nichts. Hauptsache, ich behalte die Kontrolle. Man kann sich nicht so ohne Weiteres auf sie verlassen. Wenn andere Leute in der Nähe sind, kann es ihr einfallen, ihnen nachzulaufen. Sie ist unheimlich neugierig und denkt sich ständig irgendwelche Streiche aus.«

Wir haben uns gleich unterhalb des Gipfels ins trockene Heidekraut gesetzt. Meilenweit kann man von hier aus blicken. Eine warme Freude erfüllt mich; alles ist gut. Wir teilen unser mitgebrachtes Essen und den heißen Kaffee. Für Ayla gibt es ein Ei und einen Apfel. Sie liebt Äpfel und verschlingt ihr Futter mit großem Appetit. Dann schläft sie ein, eingerollt, wie es die Art der Füchse ist, den Schwanz unter

dem Kopf. Nach zwei Stunden querfeldein, voll konzentriert und mit wachsamem Instinkt, ist sie bestimmt müde.

»Hier gefällt es mir«, sagt Silje und breitet die Arme aus. »Was für ein fantastisches Gefühl der Freiheit, in dieser Berglandschaft wandern zu dürfen. Und Ayla gibt dem Ganzen noch eine zusätzliche Dimension. Wenn ihre ungezähmte natürliche Wildheit durchkommt, achte ich selbst auch viel mehr auf meine Umgebung. Ich sehe die Natur mit anderen Augen. Von der Betrachterin zur Entdeckerin, wenn du verstehst, was ich meine. Das gefällt mir sehr.«

Silje erzählt weiter.

»Ich habe Ayla von Anfang an auf meine Touren mitgenommen. Mir war es wichtig, dass sie ihre Instinkte schärft und sich daran gewöhnt, mit mir zusammen unterwegs zu sein. Dass sie selbst auf Entdeckungstour geht.

Unter der Woche bewegen wir uns meistens in dem Wäldchen in der Nähe des Hofes. Aber am Wochenende oder wenn ich freihabe, wenn wir mehr Zeit haben, dann gehen wir in die Berge.

Es ist jedes Mal unglaublich, wie sie reagiert, wenn sie rauskommt in die Natur. Wie sie ihre Sinne gebraucht und die Landschaft richtig in sich aufsaugt. Und dann beginnt die Jagd auf kleine Nagetiere, Frösche und Insekten. Ich bin sicher, dass sie auf hundert Meter Entfernung eine Maus im Gras hören kann. Auf einmal rennt sie los, steuert auf ein Grasbüschel oder ein Erdloch irgendwo in der Landschaft zu, schleicht sich an, lauscht und wittert. Und dann katapultiert sie sich mit ihrem unvergleichlichen Mäuselsprung in die Höhe. Da haben die Mäuse keine Chance. Sie braucht dafür keinen Anlauf, sondern springt aus dem Stand senkrecht hoch und schlägt ihre Beute beim Landen zielsicher mit den Pfoten.

Es ist faszinierend, zu sehen, wie leicht und locker das geht. Dann spielt sie noch ein bisschen mit der Beute wie eine Katze, wirft sie ein paarmal in die Luft, pinkelt dann darauf und buddelt sie ein. Und das war's.

Die ersten Wochen habe ich sie in einem kleinen Rucksack mitgenommen und sie rausgelassen, wo es gerade passte. Im Wald, am Strand, zwischen den Felsen. Fünf Minuten hier, zehn Minuten da. Sie ist mir immer gefolgt wie ein Kind seiner Mutter. Mit anderen Worten, ich habe sie ganz allmählich an unsere Wanderungen gewöhnt.

Als sie größer und sicherer wurde, haben wir auch schon mal längere und schwierigere Touren gemacht. Da konnte ich sie nicht mehr in den Rucksack packen, sondern musste sie auf dem Arm tragen. Das Gewicht war gar nicht so sehr das Problem. Aber sie schnappte ständig nach mir, wollte mich beißen oder mit den Krallen nach mir schlagen, wenn ich sie hochnahm.

Sie mag es gar nicht, wenn ich sie trage, das ist mir schon klar. Das ist unter ihrer Würde und gegen ihren Willen. Doch manchmal muss es sein, sonst kämen wir ja nie wieder nach Hause. Ich habe mir jetzt Handschuhe für diese Gelegenheiten in

Was für ein fantastisches Gefühl der Freiheit, in dieser Berglandschaft wandern zu dürfen.

den Rucksack gepackt. Außerdem habe ich inzwischen eine Tragetechnik entwickelt, bei der sie mich nicht mehr so leicht beißen kann.

Das Schlimmste sind allerdings die Töne, die sie von sich gibt. Richtig wütend wird sie dann, sie bellt und benimmt sich, als wollte man sie umbringen. Wenn wir Leute treffen, gibt es schon hie und da Kommentare, aber eigentlich keine negativen. Die Leute sind einfach nur neugierig. Und ich weiß ja selbst am besten, dass es Ayla gut geht.

Das Einzige, was immer wieder infrage gestellt wird, ist die Leine. Ob es wirklich nötig ist, Ayla so einzuschränken. Am Anfang habe ich immer gedacht, ich muss das erklären, inzwischen mache ich das nicht mehr. Außerdem gehen wir ohnehin eher dort auf Tour, wo wenig Leute sind. Oder zu Tageszeiten, wenn kaum jemand unterwegs ist.«

DIE ERSTEN WANDERUNGEN

EINE DER ERSTEN LÄNGEREN Touren hatte den aufgelassenen Berghof Homse zum Ziel. Das ist nicht so sehr weit von zu Hause entfernt. Es war Anfang Juni, der Himmel war strahlend blau. Der Weg führte durch offenes, hügeliges Gelände und etwas Wald, nicht weiter als drei Kilometer. Für einen kleinen Fuchswelpen reicht das – es war eine echte Tagestour.

Auf dieser Wanderung wurde die Bindung zwischen Silje und Ayla zum ersten Mal auf die Probe gestellt. Sie konnten ihre Grenzen austesten, konnten alles ausprobieren, was sie bisher geübt hatten. Ab und zu wurde Ayla ein Stückchen getragen, und so wurde es eine sehr schöne, reibungslose Wanderung. Ayla fand Spaß daran, auf eigene Faust unterwegs zu sein, sprang von Stein zu Stein und war überhaupt in Bestform.

Silje lernte auf dieser Tour, dass es überhaupt nichts nützt, Ayla zu irgendetwas zu zwingen. Training war die einzige Möglichkeit. Und so beschloss sie, als Nächstes eine Tour mit Zeltübernachtung zu planen.

AM MÅNAFOSS

DIE TOUR ZUM MÅNAFOSS wäre eine schöne kleine Wanderung, hatte Else vorgeschlagen. Am Anfang ziemlich steil, aber dann geht es ganz gemütlich durch das Tal bis zum Berghof Mån, der heute dem Wanderverein gehört.

Zum ersten Mal ging Ayla mit Leine. Und zum ersten Mal sollte sie in einem Zelt schlafen. Beides gefiel ihr überhaupt nicht, und Silje ärgerte sich, dass sie es nicht vorher geübt hatten. Entsprechend schwierig wurde es dann. Ayla wollte nicht an der Leine gehen, legte sich hin und kläffte, so laut sie konnte. Sie streikte komplett. Es endete damit, dass Silje sie den größten Teil des Weges tragen musste.

Sie waren am Spätnachmittag losgegangen, um nicht so vielen Menschen zu begegnen. Entsprechend müde waren sie, als sie ankamen. Sie bauten das Zelt auf, Ayla bekam einen Platz im Vorzelt, und Silje kroch in ihren Schlafsack. Ayla kam schnell zur Ruhe und schlief ein. Gott sei Dank, dachte Silje. Das war ja zu schön, um wahr zu sein!

Und sie hatte leider recht. Denn als Ayla nach einer Weile aufwachte, wurde sie

richtig wild. Sie sprang an der Zeltbahn hoch, krallte sich daran fest und heulte wie besessen. Sie hatte ganz einfach Angst, richtig heftige Angst. Silje kam und rettete sie, indem sie sie mit in ihren Schlafsack nahm. Da schlief die kleine Füchsin sofort wieder ein. Endlich in Sicherheit!

Auf dieser Tour bezahlte Silje jede Menge Lehrgeld. Training, Training und noch mal Training, hatte sie das nicht selbst gesagt? Jetzt fiel es ihr wieder ein. Außerdem wurde ihr erst im Nachhinein klar, dass Füchse in freier Wildbahn hauptsächlich nachts auf die Jagd gehen. Gut möglich, dass sich vor allem die Instinkte gemeldet hatten. Vielleicht wollte Ayla einfach nur raus.

Nach dem Erlebnis am Månafoss trainierten sie immer wieder das Laufen an der Leine. So ganz glücklich war Ayla nie damit, jedenfalls nicht, wenn Silje die Leine in der Hand hielt und so ihre Bewegungsfreiheit einschränkte. Aber die Leine war nötig, schon aus Rücksicht auf andere Menschen und Tiere. Silje musste zur Kenntnis nehmen, dass nicht alle Leute Füchse mögen, so niedlich Ayla auch war. Trotzdem fühlte es sich immer an, als würde sie eine Katze an der Leine führen: unnatürlich und ein bisschen verkrampft.

DIE WANDERUNG
ZUM BØRSTEINEN

DIE ZWEITE ZELTWANDERUNG führte die beiden zum Børsteinen in den Bergen von Ryfylke. Das ist eine sehr leichte Tour, nur ein paar Kilometer lang und durch wunderschöne Landschaft. Ein Segen übrigens auch für kleine Kinderfüße.

Bis zu der Übernachtungshütte dort verlief die Tour absolut reibungslos. Da aber ziemlich viele Leute in der Hütte waren, hatten sie Mühe, einen geeigneten Platz für ihr Zelt zu finden. Schließlich wollten sie lieber ein bisschen Abstand halten.

Es dauerte fast eine Stunde, bis Silje etwas Passendes gefunden hatte – einen wunderbaren Platz am Wasser, weit genug weg von der Hütte, aber noch gut in der Nähe. Silje stellte das Zelt auf, Ayla legte sich in den Schatten und hielt ein Schläfchen.

Silje nutzte die Gelegenheit, um zur Hütte zu gehen, weil sie dort eine Freundin treffen wollte, die mit ihrer Familie unterwegs war. Die Familie trifft sich regelmäßig in einer Wanderhütte, macht Fotos und schreibt einen Blog darüber.

Nach ein paar fröhlichen Stunden mit gemütlichen Gesprächen ging Silje zurück

zu ihrem Zeltplatz. Ayla lag immer noch und schlief; inzwischen hatte sie sich ein bequemes Plätzchen in der Abendsonne gesucht. Als Silje kam, machte sie nur ganz kurz die Augen auf.

Oha. Das hieß nun also, dass Ayla fast den ganzen Tag geschlafen hatte. Silje ahnte, dass sie etwas tun musste, um nicht wieder so einen Aufstand zu provozieren wie beim letzten Mal. Ayla bekam also wieder einen Schlafplatz im Vorzelt, aber beide Reißverschlüsse blieben offen, sodass Ayla zu Silje konnte, wenn sie das wollte. Und so weit, wie die Leine reichte, konnte sie auch nach draußen und das Nachtleben genießen.

Silje schlief in dieser Nacht eigentlich ganz gut, obwohl es am Anfang erst mal ein bisschen Zirkus gab. Ayla hatte nämlich herausgefunden, wie man die Zeltheringe herauszieht, mit dem Ergebnis, dass das Zelt in sich zusammenfiel. Daraufhin verbannte Silje die Füchsin an einen Schlafplatz etwas weiter weg zwischen den Felsen. Dort schlief Ayla tief und fest, sodass sie alle beide am nächsten Morgen frisch und erholt aufwachten.

Na bitte, es geht doch. Vielleicht würden sie ihre großen Träume ja doch noch in die Tat umsetzen? Heißt es nicht immer, dass Übung den Meister macht?

Silje und Ayla beschlossen an diesem Tag, dafür zu kämpfen, dass auch Füchse in Übernachtungshütten Einlass finden. Sicher ein bisschen utopisch, aber es wäre doch schön!

AYLA EROBERT
DEN PREIKESTOLEN

TWENTYFOUR
2006

PREIKESTOLEN, der berühmte Aussichtspunkt, liegt auf halbem Weg in den majestätischen Lysefjord. Er hängt in luftiger Höhe in einem Felsmassiv, sechshundertvier Meter über dem Wasser, und ist eine der meistbesuchten Touristenattraktionen in Norwegen. Dreihunderttausend Wanderer kommen jedes Jahr aus der ganzen Welt hierher. Es heißt, einmal im Leben müsse man diesen Ort gesehen haben. Sogar CNN und Lonely Planet waren schon hier, haben darüber geschrieben und Filme gedreht und den Preikestolen – die Kanzel, wie der Name wörtlich übersetzt heißt – zum spektakulärsten Aussichtspunkt der Erde erkoren. Das heißt, er spielt in derselben Liga wie der Grand Canyon und die Victoriafälle. Nicht schlecht.

Viele Wege führen auf dieses Plateau. Wer willensstark und gut trainiert ist, kann von ganz unten hinaufsteigen, direkt vom Fjord aus. Man kann den Aufstieg auch im Rahmen einer längeren Wanderung machen, die in mehreren Etappen um den gesamten Fjord führt. Auf einer solchen Tour, bei der man in Hütten übernachtet, lernt man die fantastische Umgebung des Preikestolen besser kennen. Die Hütten liegen in gutem Abstand zueinander, sodass man schöne Tagesetappen planen kann, und die Wege sind gut markiert. Also …

Zugegeben: Nicht jeder steht auf zähe, steile Wanderwege. Für alle, denen es so geht, gibt es den Parkplatz bei der Preikestol-Hütte. Die liegt auf zweihundertfünfzig Höhenmetern, man hat also nur noch dreihundertfünfzig vor sich, wenn man dort startet. Vom ersten kurzen Stück abgesehen, ist der Weg leicht und sehr schön. Wenn man gemütlich geht, schafft man die Tour hin und zurück in vier Stunden. Versprochen.

Silje war schon früher einmal am Preikestolen gewesen, hatte dort im Zelt und unter dem magischen Sternenhimmel übernachtet, den Sonnenaufgang erlebt und so weiter. Jetzt wollte sie die Tour noch einmal machen, zusammen mit Ayla und ihrer Freundin, der Tierärztin Helle. Und Loke, der Hund der Freundin Else, durfte auch mit. Aber diese Tour konnten sie nur außerhalb der Touristensaison machen, darüber waren sie sich schnell einig. Die Menschenmassen da oben wollten sie Ayla nicht zumuten.

Es wurde Oktober, ein schöner Herbst mit niedrig stehender Sonne und knackig kalter Luft. Perfekte Voraussetzungen für die Trainingstour und ein paar gute Fotos.

Am Spätnachmittag gingen sie los, weil sie hofften, dann weniger Menschen anzutreffen. Es waren tatsächlich weniger als sonst – aber immer noch genug. Inzwischen reißt die Völkerwanderung auf den Preikestolen nicht mehr ab, sommers wie winters, bei Tag und bei Nacht. Wenn ein Ziel erst mal zum Hype wird, kann man so eine Entwicklung nicht mehr aufhalten.

Ein Fuchs auf dem Wanderweg bringt die Leute zum Stehen. Alle wollten Hallo sagen und Ayla fotografieren. Wenn so etwas nicht überhandnimmt, kann es ganz schön sein, aber wenn die Leute Schlange stehen, ist es nicht mehr angenehm. Die Leute riefen und johlten, verfolgten Silje und Ayla regelrecht, wollten fotografieren, wollten Selfies machen, stellten jede Menge Fragen und ließen überhaupt nicht mehr locker.

Normalerweise sind Franzosen und Schweden echt angenehme Zeitgenossen, aber an diesem Tag waren sie schrecklich anstrengend. Für Ayla war das alles zu viel. Die Menschen rückten ihr einfach zu dicht auf den Pelz. Sie bekam Angst und wollte sich nur noch verstecken.

Die letzten Kilometer musste sie getragen werden – keine einfache Sache.

Am Preikestolen selbst waren an diesem Abend nicht mehr sehr viele Leute. Vielleicht vier oder fünf, man konnte es im Dunkeln nicht gut erkennen. Eigentlich hatte Silje geplant, ihr Zelt auf einem der Aussichtspunkte etwas oberhalb aufzustellen, aber da es inzwischen wirklich dunkel war, blieben sie auf dem Plateau.

Ayla wurde etwas weiter hinten angebunden. Sie war immer noch sehr aufgeregt und kam kaum zur Ruhe. Und so blieb es die ganze Nacht. Denn es kamen ständig Leute, die sich erwartungsvoll an den Rand des Plateaus setzten, um auf den Sonnenaufgang zu warten. Sie saßen in kleinen Grüppchen da, lachten und plauderten. Ayla regte sich furchtbar auf, während Loke das ganze Theater mit geradezu erschreckender Ruhe aufnahm und einfach weiterschlief. Typisch.

Schaut doch mal! Ein Fuchs!

Silje wusste sofort, was passiert war. Ayla hatte ihre Leine durchgebissen und flitzte jetzt zwischen den Wanderern herum. Einige fanden das lustig, andere bekamen Angst. Und als wäre das alles nicht genug, tobte nun auch noch Silje mit ihrer

Taschenlampe im Dunkeln herum und rief nach Ayla.

Eigentlich ist es fast ein Wunder, dass in dem Chaos niemand über die Kante stürzte. Was die Leute von Silje dachten – keine Ahnung. Irgendwann hatte sie Ayla eingefangen. Doch zu allem Unglück wiederholte sich das Ganze ein paar Stunden später. Wenn erst mal der Wurm drin ist, geht halt alles schief.

Die Sterne kamen heraus, irgendwann ging die Sonne auf – es war ein beeindruckendes Naturschauspiel. Stunden waren vergangen, aber das Gefühl von Freiheit wollte sich nicht einstellen. Kein Schlaf, keine Fotos … Erschöpft und übermüdet machten sie sich am frühen Vormittag auf den Rückweg. Der war dann auch keinen Deut besser als der Hinweg, eher schlimmer, denn diesmal waren ja in beide Richtungen Wanderer unterwegs. Wieder all die Neugier, Leute, die sie verfolgten, Ayla streicheln und Fotos machen wollten. Einfach nur Stress.

Helle hatte die Nase gründlich voll und ging mit Loke voraus. Und Silje sah keine andere Möglichkeit, als Ayla auf den Arm zu nehmen und zum Parkplatz zu tragen. Sonst hätten sie ewig gebraucht.

Die Wanderung auf den Preikestolen war eigentlich verantwortungslos, wenn man es recht bedenkt. Wanderziele mit vielen Leuten würden sie von jetzt an nicht mehr aufsuchen, so viel war klar. Oder mit Siljes Worten: »Ich will die Berge für mich allein. Und weil ich so gern allein unterwegs bin, habe ich mir einen Fuchs als Begleiter gesucht.«

AUF EINER EINSAMEN INSEL

WER HAT SCHON DAS GLÜCK, eine eigene Insel zu besitzen? Na, Else! Also gut, die Insel gehört ihr nicht allein, aber sie ist seit 1850 im Besitz ihrer Familie – mittlerweile in der siebten Generation. Und deshalb kann man wohl behaupten, es ist ein Stück weit auch ihre Insel. Skauøya heißt sie und liegt in einem See namens Farrisvannet nicht weit von Kjose im Kreis Larvik. Eine echte Perle!

Ursprünglich stand hier nur eine winzige Hütte, aber mit der Zeit ist ein hübsches kleines Haus daraus geworden. Der Urgroßvater von Ninna hat es umgebaut, Elses Nichte und gute Freundin. In diesem Ferienhaus hat auch Else die Sommer ihrer Kindheit verbracht. Jetzt war sie aber schon zwanzig Jahre nicht mehr dort gewesen und deshalb sehr gespannt, wie es dort aussehen würde. Und Ninna stellte ihr gern das Haus für ein langes Wochenende im Juli zur Verfügung. Sie würde sogar selbst mitfahren. Es gab einen Anleger, ein Außenklo, Kanu, Ruderboot und Angelzeug. Sehr einfach, aber mit allem ausgestattet, was man braucht, um sich zu entspannen, die Ruhe zu genießen und ein paar Tage dem Alltag zu entfliehen. Kein Handynetz, kein Internet – entspannter kann es gar nicht sein.

Ayla und Loke konnten sich frei bewegen.
Es gab keine anderen Tiere, auf die man Rücksicht nehmen musste, und die Insel verlassen konnten sie auch nicht.

Sechs Stunden Fahrzeit, aber was soll's? Eine solche Gelegenheit ist jeden Weg wert. Und Skauøya war tatsächlich immer noch genau das Paradies, von dem Else so sehr geschwärmt hatte. Dazu hatten sie ein unglaubliches Wetterglück – was will man mehr? Weg mit den Bergstiefeln und den Windjacken, her mit Sonnenbrille und Weißweinglas. Vier Tage im Schlaraffenland. Stille Kanutouren in der Abendsonne, ein bisschen Angeln vom Felsen aus, Sonnenbaden, Schwimmen, Grillen und gute Gespräche am Lagerfeuer bis in die späte Nacht hinein. Der pure Genuss.

Ayla und Loke konnten sich frei bewegen. Es gab keine anderen Tiere, auf die man Rücksicht nehmen musste, und die Insel verlassen konnten sie auch nicht. Außer, sie ließen sich auf eine längere Schwimmstrecke ein, was man sich eigentlich nicht vorstellen konnte. Sie durften also nach Herzenslust herumstöbern. Und Else, Ninna und Silje durften nach Herzenslust entspannen. Was für ein befreiendes Gefühl!

Dann verschwanden Elses Sonnencreme und die Badeschlappen. Sie lösten sich einfach in Luft auf, während Else auf einem Felsen lag und sich sonnte. Und das war erst der Anfang. T-Shirts verschwanden, Kleider, Handtücher, sogar ein paar Slips, die sie zum Trocknen aufgehängt hatten. Weg. Einfach weg.

Die Übeltäterin war natürlich Ayla. Sie hatte mal wieder ein paar Streiche ausgeheckt. Mit List und Tücke klaute sie alles, was sie erwischen konnte. Und schnell war sie auch noch. Man konnte keine Sonnenbrille weglegen, ohne dass sie sich daraufstürzte. Im Grunde genommen musste man alles festhalten und ständig aufpassen. Sobald man einen Moment abgelenkt war, verschwanden die Sachen schneller, als man bis drei zählen konnte.

Am Abend, als sie vom Boot aus angelten, sahen sie Spuren, die ins Innere der Insel führten. Fast eine Art Pfad durch das hohe Gras, der über die Spitze der Insel auf die andere Seite verlief. Da war jemand gegangen und hatte etwas geschleppt, und zwar schon einige Male. Die Frauen waren nie dort gewesen.

Der Pfad endete unter einem Felsvorsprung. Da lagen ihre vermissten Dinge, fein säuberlich aufgestapelt und angepinkelt: Alles meins! Sie hatten das Versteck des vierbeinigen Räubers entdeckt. Eine ganze Plastiktüte füllten die Sachen.

Die nächsten Tage versuchten sie, so gut es ging, auf ihre Habe aufzupassen. Selbst

die Weißweingläser mussten sie festhalten, aber das war vielleicht nicht das größte Problem. Wie auch immer, es wurden genau die schönen Tage, von denen sie geträumt hatten. Sie konnten sogar mal allein mit dem Kanu rauspaddeln, ohne dass Loke oder Ayla sich aufregten. Die beiden blieben wachsam am Strand sitzen und begrüßten sie schwanzwedelnd genau dort, wo sie sie zurückgelassen hatten.

Als sie am Sonntag die Insel verließen, machten sie noch eine schnelle Tour zu dem Felsvorsprung, um zu überprüfen, ob Ayla dort noch etwas versteckt hatte. Sie fanden zwei halb aufgegessene Forellen, ein Teelicht, fünf tote Mäuse und einen Korkenzieher. Alles, was man für eine gute Party braucht. Nicht mehr und nicht weniger.

RÄVEN

So weich. So warm. Und so wild. Deine Instinkte haben dich angetrieben. Wie heftig sie in deinem kleinen Körper tobten! Ich habe es gesehen, habe es dir angemerkt. Du hast gejault, gebellt und gebissen. Du wolltest mir die ganze Zeit etwas sagen. Ich habe nicht alles verstanden, konnte mir nicht alles übersetzen, obwohl ich ziemlich schnell lernte.

Ich habe gesehen, wenn du froh warst und wenn du wütend warst. Aber ich wusste nicht immer, warum. Schlau, stur und eigensinnig warst du. Und unberechenbar. Manchmal hast du mir mein Essen geklaut und im Garten vergraben. Du hast meine Socken versteckt, Ladegeräte zerkaut, aufs Sofa gepinkelt. Du bist im Wald verschwunden und manchmal total durchgedreht.

Ich bin so froh um jeden Augenblick. Für mich hieß das alles nur, dass du deine fünf Sinne beieinanderhattest. Dass du so warst, wie du erschaffen wurdest. Ein Wildtier.

Du warst meine beste Freundin. Ich habe dich nie gezähmt.

»ACH, DU HAST EINEN FUCHS?
DANN WIRD DAS WOHL
NICHTS MIT UNS.«

ES IST SCHÖN, wenn man zu einer gemeinsamen Wanderung eingeladen wird. Etwas weniger schön ist es, wenn sich die Leute zurückziehen, weil du einen Fuchs hast. Etwas Dümmeres hätte er noch nie gehört, sagte einer. Aber so ist das nun mal, du kannst nicht damit rechnen, dass alle begeistert von den Dingen sind, die du tust. Eigentlich war er gar nicht so interessiert an der Wanderung, sagt Silje. Eigentlich galt sein Interesse etwas ganz anderem.

Wenn man mit einem Fuchs unterwegs ist, erregt man auf jeden Fall Aufsehen.

Schaut mal, ein Fuchs!

Ach was, der geht doch an der Leine.

Dann muss es ein Hund sein.

Nein, das ist ein Fuchs!

Vielleicht hat sie ihn eingefangen.

Hier? Meinst du wirklich?

Können wir ein Selfie mit dem Fuchs machen?

Es gab nicht immer Beifall für Siljes Projekt, und sie hat sich so einige Kommentare anhören müssen. Dass sie keinen Deut besser sei als die Pelztierzüchter, wenn sie ein Wildtier in Gefangenschaft halte. Dass es Ayla ganz bestimmt nicht gut gehen könne, wenn sie an der Leine laufen müsse. Meistens ging es um diese Dinge. Das hielt Silje ganz gut aus. Andere Leute waren nicht ganz so direkt, aber man sah ihnen an, dass sie Silje für reichlich durchgeknallt hielten. Zum Glück waren es nicht viele, die so dachten.

Natürlich haben die wenigsten Leute schon mal einen lebenden Fuchs gesehen, jedenfalls keinen, der mit seinem Menschen zusammen unterwegs ist. Dass sie da neugierig und interessiert reagieren, ist verständlich.

Die meisten, die Silje auf ihren Wanderungen mit Ayla traf, reagierten positiv. Einige blieben einfach nur stehen, als trauten sie ihren Augen nicht, und starrten sie an. Dann sagten sie, wie schön Ayla sei, und vielleicht wollten sie sie auch mal streicheln oder fotografieren.

Einige dankten Silje auch, weil sie Ayla freigekauft und ihr die Chance auf ein gutes Leben gegeben hatte. Eine Frau freute sich so sehr, dass sie in Tränen ausbrach.

Schwierig wurde es nur, wenn die Leute ihnen nachliefen und aufdringlich wurden. Das gefiel Ayla nämlich überhaupt nicht. Wenn jemand in ihre Privatsphäre eindrang, konnte sie richtig wütend werden.

SO VIELE FRAGEN

AUS ALLER WELT sind Fragen gekommen. Viele Fragen. Silje hat versucht, sie alle zu beantworten, aber hier sollen die häufigsten auf einen Blick zusammengefasst werden – so wie sie zu Aylas Lebzeiten beantwortet wurden.

Wie fühlt es sich an, mit einem Fuchs zusammenzuleben?

Füchse sind nicht so anpassungsfähig wie Hunde, das muss man wissen. Ich habe mein Leben an Ayla angepasst. Das heißt zum Beispiel, dass ich das Wohnzimmer praktisch leer geräumt habe, damit Ayla frei herumspringen kann, ohne dass ich Sorge haben muss, sie könnte etwas kaputt machen. Denn das tun Füchse aus ihrem Instinkt heraus, und man kann es ihnen nur schwer abgewöhnen. Ayla hat jede Menge Spielzeug, aber natürlich sind die verbotenen Sachen immer besonders reizvoll.

Kommt Ayla gut mit Hunden zurecht?

Hunde verstehen die Fuchssprache nicht, die sehr ausdrucksvoll sein kann. Deshalb ziehen sich viele Hunde vor Ayla zurück. Bei einigen Hunden greift auch der Jagdinstinkt, und sie jagen Ayla hinterher. Wenn wir unterwegs Hunden begegnen, nehme ich Ayla immer hoch, bis ich über den Hund Bescheid weiß. Dann setze ich sie oft wieder ab.

Ich hätte auch gern einen Fuchs. Wo hast du Ayla gekauft?

Es ist nicht einfach, Füchse als Haustier zu halten. Sie sind Wildtiere und haben entsprechend wilde Instinkte. Deshalb ist es schwierig, Füchse dazu zu bringen, dass sie sich in Gefangenschaft wohlfühlen. Sie müssen ihren Instinkten folgen können. Ich wohne in den Bergen, und in der näheren Umgebung gibt es für Ayla genug Platz, um sich auszutoben. Wenn wir zusammen wandern, folge ich oft Ayla, sodass sie jagen und graben und alles tun kann, wozu sie Lust hat – innerhalb vernünftiger Grenzen, versteht sich. Man muss auch wissen, dass es nicht möglich ist, einen Fuchs während der Urlaubszeit im Zwinger zu halten. Das heißt, man ist ziemlich gebunden, denn man kann ihn auch nicht zu anderen Leuten geben. Er wird sich kaum an Fremde

anschließen. Im Übrigen gibt es durchaus Länder, in denen es verboten ist, Füchse als Haustiere zu halten.

Auf keinen Fall sollte man einen Fuchswelpen aus der Natur mitnehmen. Lasst die Wildtiere dort, wo sie hingehören! In Norwegen ist es verboten, Wildtiere als Haustiere zu halten. Mit Ayla verhält es sich ein bisschen anders, weil sie ja schon in Gefangenschaft geboren wurde.

Wo wohnt Ayla? Kann man sie besuchen?

Ayla wohnt in Norwegen, genauer gesagt in Rogaland. Einige wenige werden das Glück haben, Ayla zu treffen, wenn wir unterwegs sind. Große Menschenmengen bedeuten Stress für sie, deshalb halten wir uns davon fern. Aber wir nehmen gerne ab und zu jemanden mit auf unseren Wanderungen. Das ist kein Problem, weil die Fremden dann zum Rudel gehören und Ayla deshalb nicht stressen.

Ist Ayla wirklich so flauschig wie auf den Fotos?

Im Winter ist Aylas Fell wirklich ganz flauschig und weich. Im Sommer sieht ihr Pelz nicht ganz so schick aus.

Kommt Ayla, wenn du sie rufst?

Meistens schon. Ayla hört auf ihren Namen, aber sie lässt sich nicht so gut abrufen wie ein Hund.

Lebt Ayla bei dir im Haus?

Nein, Ayla schläft draußen in einem Gehege, wo sie eine kleine Hütte für sich allein hat. Dort hält sie sich auch auf, wenn ich arbeite. Man kann einen Fuchs nicht allein im Haus lassen, er würde alles kaputt machen. Nur wenn ich mich daheim aufhalte, ist Ayla bei mir im Haus – wenn das Wetter so schlecht ist, dass wir nicht wandern können.

Was machst du mit Ayla, wenn du in Urlaub gehst?

Wenn ich Urlaub machen will, brauche ich jemanden, der auf Ayla aufpasst – am besten bei mir zu Hause. Füchse empfinden neue Umgebungen als stressig und markieren dann alles mit ihrem Urin. Außerdem müsste es jemand sein, den Ayla schon kennt, denn sie schließt sich nicht leicht an Fremde an. Wirklich lange Urlaubsreisen kommen ohnehin für mich nicht infrage.

EPILOG

WIE SILBERSCHNÜRE zwischen Himmel und Erde glitzert der Regen. Es gießt, so wie es fast den ganzen Sommer gegossen hat. Macht nichts, solange wir ab und zu ein bisschen Sonne abbekommen, kommen wir ganz gut zurecht. Silje und ich mögen beide schnelle Wetterwechsel. Erst durch das schlechte Wetter weiß man das gute zu schätzen, pflegt Silje zu sagen. Und wir denken beide, dass uns noch viel Gutes bevorsteht.

Wie auch immer – jetzt sitzen wir trocken und sicher unter einer provisorischen Zeltbahn im Wald. Was hat diese Frau nicht alles in ihrem Rucksack! Der Kaffeekessel summt auf dem Sturmkocher. Eigentlich ist das Leben gar nicht so schlecht.

Molly ist auch dabei. Sie interessiert sich eigentlich nur für Stöckchen, ist klatschnass und voller Schlamm. Ich werfe ein Stöckchen nach dem anderen. Das hätte Ayla gefallen. Sie fehlt uns sehr, und wir müssen beide zugeben, dass es sich seltsam anfühlt, ohne sie hier draußen zu sein, obwohl sich doch alles um sie dreht.

Erst vor vier Monaten haben wir das Buchprojekt gestartet, drüben bei Silje auf dem Hof. Und erst vor drei Wochen wurde Ayla tot aufgefunden.

Silje hat eine schwere Zeit hinter sich. Für sie war Ayla eine Persönlichkeit auf Augenhöhe mit uns. Eine Persönlichkeit mit einem ganz besonderen Schatz an Gedanken und Gefühlen. Sie hat Ayla nie ganz durchschaut; trotzdem ist eine richtige, enge Freundschaft zwischen den beiden entstanden. Sie haben so viel Zeit miteinander verbracht, so hart gearbeitet, hatten so viele Pläne.

Die schlimmste Trauerphase ist vorbei, wenngleich Silje immer noch sehr unter dem Verlust leidet. Doch so schwer es auch ist, wie fast immer im Leben hilft es, darüber zu reden.

»In den letzten Wochen vor Aylas Verschwinden ging eine große Veränderung mit ihr vor«, erinnert sich Silje. »Sie war viel ruhiger und anschmiegsamer geworden. Als hätte sie die unruhige Phase der Pubertät überstanden und wäre erwachsen geworden. Es ging ziemlich schnell, wie wenn man einen Schalter umlegt. Sie hat mich nicht mehr gebissen, hat nicht mehr gebellt und wirkte viel glücklicher, harmo-

nischer irgendwie. Manchmal kam sie zu mir aufs Sofa, kringelte sich auf meinem Schoß zusammen oder lag nur einfach ganz nah bei mir. Sie war gar nicht mehr wiederzuerkennen. Dabei hat wohl auch ihre Scheinträchtigkeit eine Rolle gespielt. Die ganze Art, wie sie spielte, wurde auf einmal vorsichtig und rücksichtsvoll. Der kleine Bär, den sie vorher hundertmal totgeschüttelt hatte, wurde plötzlich umsorgt und hatte es richtig gut. So viel Liebe! Sie stupste ihn und schmuste mit ihm, als wäre er ihr Junges. Und sie nahm ihn überallhin mit. Was für eine Macht die Hormone doch haben! Ich war froh, dass sie sich so auswirkten und nicht umgekehrt.

Ich war total optimistisch und hatte schon angefangen, für den Sommer eine lange Wanderung durch die Finnmarksvidda zu planen. Ich bin ganz süchtig nach Natur, weißt du, und liebe solche Herausforderungen. Aber es hat nicht sein sollen. Eine ganze Weile stand ich total neben mir, nachdem ich sie verloren hatte.«

Silje muss ein paar Tränen trocknen. Vorläufig will sie nichts von einem neuen Haustier wissen. Gerade nach ihrer langen Krankheitsphase war die Zeit mit Ayla etwas ganz Besonderes und sehr wichtig für sie. Alles drehte sich um Ayla.

Es hat aufgehört zu regnen. Märchenhaft und wie verzaubert ziehen Lichtstrahlen durch den dichten Wald. Molly hat ihr Stöckchen verloren und will, dass ich ihr ein neues suche. Ich verschütte ein bisschen Kaffee, als ich mit dem Becher in der Hand durchs Unterholz streife. Aber das macht nichts. Die Erde dreht sich weiter. Und wer weiß, vielleicht dauert es gar nicht so lange, bis Silje bereit ist für ein Haustier, das Aylas Platz einnehmen kann.

»In den letzten Wochen vor Aylas Verschwinden ging eine große Veränderung mit ihr vor«, erinnert sich Silje. »Sie war viel ruhiger und anschmiegsamer geworden.«